Britta Vock · Reiki

Dieses Buch möchte ich
meinen vierbeinigen Kraftquellen widmen,
mit denen ich zur Zeit zusammen lebe:

Titus, Digger, MacKenzie, Loveno, Laika,
Amy, Sonita, Zoe und Cheyenne

und ganz besonders meiner Hündin und Freundin –
die mich bei jeder Reikibehandlung begleitete:

Tine

dem Engel, dem Flügel gewachsen sind.

»Du bist zeitlebens für das verantwortlich,
was Du Dir vertraut gemacht hast.«

Antoine de Saint Exupéry

Gesundes Pferd

Britta Vock

Reiki

Pferde behandeln mit energetischen Heilweisen

Müller Rüschlikon

Einbandgestaltung: Luis Santos
Titelbild: Britta Vock

Bildnachweis: Yvonne Baliier (S. 86, 87)
Jeanette Gerkens-Kuhlow (S. 22, 23, 24)

Alle übrigen Fotos stammen von Britta Vock.
Cartoons: hechtsprung illustration and sounds, Michael Hecht

ISBN 978-3-275-01619-8

Postfach 103743, 70032 Stuttgart
Ein Unternehmen der Paul Pietsch Verlage Gmbh+Co
Lizenznehmer der Bucheli Verlags AG, Baarerstr. 43, CH-6304 Zug

1. Auflage 2007

Sie finden uns im Internet unter www.mueller-rueschlikon-verlag.de

Lektorat: Claudia König
Innengestaltung: Sabine Heüveldop, Dülmen
Druck und Bindung Rung-Druck, 73033 Göppingen
Printed in Germany

INHALT

Alle Angaben in diesem Buch wurden nach bestem Wissen und Gewissen gemacht. Die beschriebenen alternativen Heil- und Therapiemethoden ersetzen nicht die tierärztliche Untersuchung und Behandlung. Auch werden hier keinerlei Heilungsversprechen abgegeben, sondern lediglich Möglichkeiten für den Einsatz verschiedener Therapiemöglichkeiten aufgezeigt. Für einen eventuellen Missbrauch der Informationen in diesem Buch oder für Folgen, die durch eine falsche Anwendung der beschriebenen Verfahren und Techniken entstehen, können weder die Autorin, noch der Verlag, noch die Vertreiber des Buches zur Verantwortung gezogen werden.

REIKI4ALL

Bereits seit meinem ersten Hund bin ich ständig mit Krankheiten von Tieren konfrontiert. Offenbar suchen die kranken Tiere mich regelrecht aus.

Meinen Hund Léon, mit dem alles begann, ließ ich während seiner Krankheit mit Arolo und Reiki behandeln. Zwar konnte er dadurch nicht gerettet werden, doch wurde sein Leiden (Epilepsie) erheblich gemildert. Meinen ersten Reiki-Grad machte ich nur für dieses Tier.

Léon konnte ich zwar nicht mehr helfen, doch hatte ich das Gefühl, dass er mir mit auf den Weg gab, mich von nun an anderen hilfsbedürftigen und leidenden Tieren zu widmen. So erlernte ich noch die weiteren Reiki-Grade und begann auch das Studium zum Tierheilpraktiker.

Als dann Titus als Nachfolger zu uns kam, der anfangs aggressiv und verhaltensgestört war, bekam er kontinuierlich Reiki von mir. In Kombination mit der nötigen Erziehung, Geduld, Konsequenz und Liebe wurde Titus zu einem sehr ausgeglichenen und schmusigen Wesen. Auch seine Rheuma- und Spondyloseschübe ließen merklich nach. Dieses ermutigte mich, auch fremde Tiere, die Hilfe brauchten, mit Reiki zu versorgen.

Bei meiner praktischen Arbeit fiel es immer wieder auf, wie wenig bekannt Reiki als Zusatztherapie bei Verhaltensauffälligkeiten und Krankheiten eigentlich ist.

Dieses und die Tatsache, dass fast gar keine einschlägige Literatur über Reiki für Tiere zu finden ist, bewog mich dazu, eine Internetseite zur Informati-

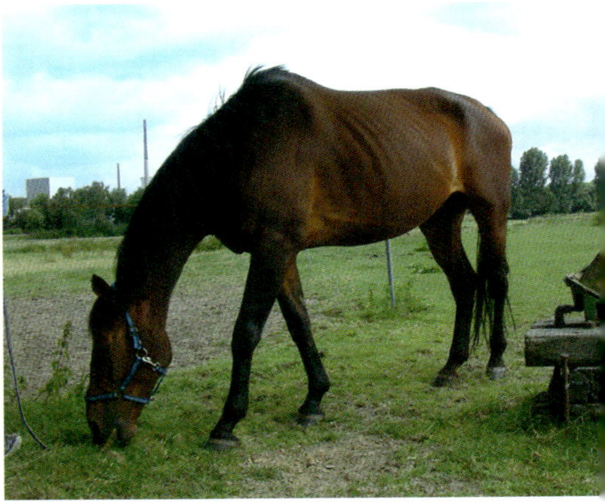

Loveno, abgemagert und muskelatrophisch.

Loveno – sechs Wochen nach ganzheitlicher Therapie.

on ins Netz zu stellen. Die enorme Besucherzahl auf der Webseite und die Nachfrage nach Büchern, ließen dann letztendlich mein erstes Buch Reiki4all – Reiki für Tiere entstehen. Aber damit nicht genug. Im Jahr 2002 dann kam Loveno G zu mir. Er ist ein mittlerweile 14-jähriger Westfale. Loveno war ein hochdekoriertes Springpferd, aber er konnte nicht mehr so hoch springen, wie es von ihm gefordert wurde. Er sollte deshalb abgeschoben werden (zum Schlachter).

Es sollte eben so sein, dass ich an der Fleischtheke im Supermarkt nicht die Wurst mit nach Hause genommen habe, sondern ein ca. 500 kg schweres (bzw. leichtes) Pferd. Über Loveno gibt es eine Menge zu erzählen: 5-fach gebrochener Nasenrücken, gebrochenes Brustbein, ausgerenkte Wirbel, zu kurz geschnittene Hufe usw. Er kam in einem desolaten Zustand zu uns. Loveno war muskelatrophisch und schrecklich abgemagert, aber das Schlimmste war, er hatte sich aufgegeben.

Nach zwei Wochen kontinuierlichen Reiki-Gaben, erreichte ich ihn und Loveno arbeitete mit. Die Grundvoraussetzung für seine Gesundung, sein Lebenswille, war wieder vorhanden.

Durch Tierarzt, Homöopathie, Reiki, Osteopathie, richtige Ernährung, gezieltes Muskelaufbautraining, artgerechte Haltung und Huforthopädie geht es ihm wieder gut und unser »sanfter Riese« macht mir jeden Tag aufs Neue Freude. Nun lebt er mit acht weiteren Pferden (davon sechs eigenen aus dem Tierschutz) in einem Offenstall auf unserem Hof in Soltau.

Loveno zeigte mir, dass Pferden Reiki zu geben etwas ganz Besonderes ist, da diese hoch sensiblen Tiere ungemein auf die Energie reagieren.

Seitdem ist Reiki ein fester Bestandteil in der ganzheitlichen Pferdetherapie in meiner Praxis und unserer Tiernaturheilkundeschule geworden, ja und Loveno liebt Reiki noch heute, auch wenn er die Angewohnheit hat, vor einer Behandlung erst immer an meinen Händen zu schnüffeln.

Herdenchef Loveno auf dem Birkenhof Soltau.

EINLEITUNG

Das Sprichwort »Vorbeugen ist besser als heilen« kennen wir alle aus dem Volksmund. Diese Weisheit gilt natürlich auch für die Pferde, da Erkrankungen häufig vorhersehbar sind und Unfälle oftmals vermieden werden können. Aus Mangel an physiologischen und psychischen Kenntnissen oder einfach nur aus falsch verstandener Tierliebe wird unser Freund, das Pferd, oft nicht wesens- und artgerecht gehalten.

Viele Leiden entstehen aus Unwissenheit, darum ist es besonders wichtig, dass sich der Tierhalter vor der Anschaffung eines Tieres ein grundlegendes Wissen um die Bedürfnisse seines zukünftigen Vierbeiners aneignet.

Um Unfälle zu vermeiden und typischen Krankheiten vorzubeugen bzw. diese früh genug zu erkennen, sind Kenntnisse über Anatomie, Psyche, das natürliche Verhalten sowie Körper- und Lautsprache unseres vierbeinigen Freundes unumgänglich. Beobachtungen der Mimik, der Gestik, des Ausdrucks und der natürlichen Körperabläufe wie Atmung, Puls, Kot- und Urinabsatz sind oftmals eine große Hilfe bei der Beurteilung der Stimmungslage der Tiere.

Mittlerweile gibt es neben der klassischen Tiermedizin viele alternative Heilmethoden, die auch bei Tieren angewendet werden. Sie sind alle mehr oder weniger ganzheitlich, was bedeutet, dass sie Körper, Geist und Seele einbeziehen. Eine hiervon ist Reiki, auf die im Nachfolgenden noch ausführlich eingegangen wird.

Diese Heilmethoden sollten jedoch nicht den Tierarzt ersetzen, denn es kann nicht auf die Diagnostik eines Tierarztes (Blutbild, Röntgen, Ultraschall) und die chirurgischen Fähigkeiten verzichtet werden. Eine intensive Zusammenarbeit zum Wohle des Vierbeiners wäre daher mehr als wünschenswert, was jedoch in der Praxis immer wieder auf große Hindernisse seitens der Tierärzte oder auch seitens der Tiertherapeuten stößt.

Um ein Optimum für sein Tier zu erwirken, sollte der Begriff ganzheitlich jedoch weiter ausgedehnt werden.

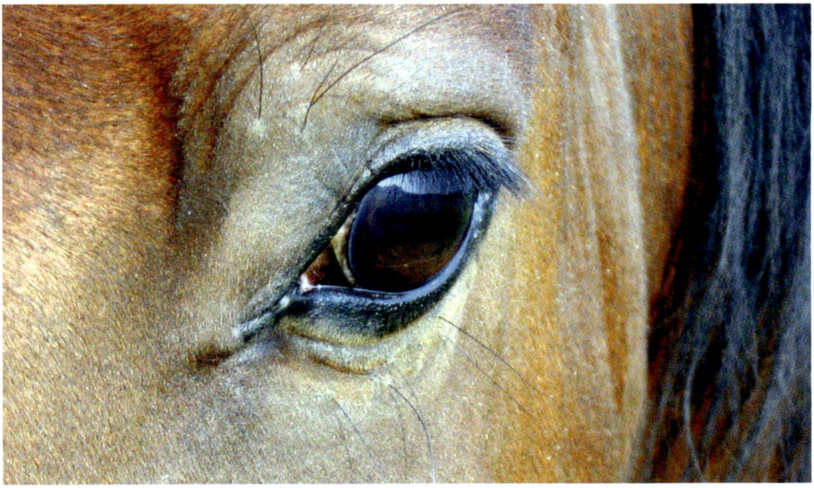

Pferdeaugen sprechen Bände, man muss sie nur lesen können.

Eine gute und konsequente Erziehung bietet eine solide Grundlage. Hierbei sind z.B. Reitausbildungsbetriebe oder erfahrene Verhaltenstrainer durchaus hilfreich.

Es sollte im Umgang mit Pferden niemals Dominanz im Vordergrund stehen. Erreicht werden sollte eine Vertrauensbasis beruhend auf Achtung und Respekt. Eine artgerechte Pflege und Berücksichtigung der natürlichen und individuellen Bedürfnisse des Pferdes bilden ebenfalls eine Grundvoraussetzung.

Ebenso sollten die Gefühle der Pferde nicht vernachlässigt werden, denn diese sind eine wichtige »Schaltstation« einer jeden Handlung und entscheiden immens über das Wohl- und Unwohlsein des Tieres.

Natürlich sollten dem Tierhalter Kenntnisse über die Ernährung (Zusammensetzung, Menge, Lagerung und Ergänzungsfutter) nicht fehlen. Die Ernährung spielt eine sehr große Rolle und sollte auch immer die individuellen Bedürfnisse des Pferdes berücksichtigen.

All diese Komponenten wie Erziehung, Pflege, Ernährung, Anatomie, Physiologie, Psyche, Verhalten, Körper- und Lautsprache, klassische Tiermedizin und alternative Tierheilkunde tragen dann zu einer wirklich ganzheitlichen Gesunderhaltung des Vierbeiners bei.

Um dieses zu erreichen, ist jedoch eine optimale Zusammenarbeit von Halter, Tierarzt, Tierheilpraktiker und Tiertherapeut unerlässlich.

REIKI

Reiki für Pferde, Cartoon »Loveno und Britta« von hechtsprung illustrations and sounds, Michael Hecht

Einen großen Unterschied zwischen Reiki für Menschen und Reiki für Tiere sowie Pferde im Speziellen gibt es eigentlich nicht.
Die Energie, die Grundlagen und die Vorgehensweise sind die gleichen. Daher gelten alle Rubriken über Reiki sowohl für Mensch als auch für Tier.
Seit die »ganzheitliche Heilung« immer mehr zu einem Thema in Deutschland wird, erlangt auch Reiki einen immer höheren Bekanntheits- und Beliebtheitsgrad.
Bei den Menschen und Tieren spielen zusätzlich zur besseren Versorgung des Körpers mit Lebenskraft (Muskeln, Organe, Zellen), Linderung von Schmerzen und akuten oder chronischen Beschwerden, Entgiftung, Entschlackung für Körper und Seele, Stärkung des Immunsystems, Stärkung der Selbstheilungskräfte und schnelleren Genesung noch folgende Aspekte eine große Rolle: Erlangung von innerer Ruhe und Gelassenheit, Stressabbau, Wiederherstellung von Harmonie und Wohlbefinden, freierer Fluss von Atem und Lebensenergie und Lösen von Energie- und Gefühlsblockaden.
Bei weit mehr als der Hälfte aller Krankheitsfälle wirkt die Psyche mit. Energielosigkeit, Stress, innere Unruhe können krank machen. Die Beseitigung der psychischen Ursachen ist dann meist auch der leichteste Weg zur Heilung. Da es bereits eine Menge an Literatur zum Thema Reiki gibt, sollen hier die Grundlagen nur kurz angerissen und mehr auf das Thema Pferd eingegangen werden.

■ *Reiki für Pferde.*

Die Geschichte des Reiki

Reiki kommt aus dem Japanischen und heißt übersetzt »universelle Lebensenergie«. Es ist jene Energie, die in Indien PRANA und in China QI oder CHI genannt wird.
Reiki (sprich: Ree-Ki) ist eine sehr alte Heilmethode, die vor über 2500 Jahren schon in den alten Sanskrit-Sutras erwähnt und im 19. Jahrhundert von dem Japaner Dr. Mikao Usui wiederentdeckt wurde.
Er brachte diese uralte Behandlungsform zurück in die Welt, die anschließend von der Japanerin Hawayo Takata nach Hawaii und in die USA gebracht wurde.

Dr. Mikao Usui

Es ist strittig, welche der vielen Geschichten über Dr. Usui stimmen, hier ist eine davon: Mikao Usui wurde am 15. August 1865 in dem Dorf Yago der japanischen Provinz Gifu geboren. Er heiratete Sadako Suzuki und hatte mit ihr zusammen zwei Kinder, eine Tochter und einen Sohn, der nach Usuis Tod das Familienunternehmen übernahm.

Usui war eine zeitlang als Privatsekretär des Politikers Shimpei Goto (Pei Gotoushin) tätig. Goto bekleidete zu diesem Zeitpunkt das Amt des Bahn-, Post-, Innen- und Außenministers und wurde 1920 Bürgermeister von Tokyo. Daher liegt die Vermutung nahe, dass Usui über gute Kontakte zu einflussreichen Persönlichkeiten Tokyos verfügte. Weiterhin soll Usui, sein Geld als Journalist und Geschäftsmann verdient haben.

Neben seiner weltlichen Karriere interessierte sich Usui schon früh für esoterische Lehren. Reisen nach Europa, Amerika und China sollen dem Studium der Medizin, Psychologie, Religion und Esoterik gedient haben.

Usui war Mitglied der Rei Jyutsu Ka, einem Zirkel, der sich der Entwicklung von spirituellen Fähigkeiten widmete. Der Zirkel unterhielt ein Zentrum am Fuße des Kurumayamas, westlich von Kyoto.

Um Usuis große Lebenswende (1914) ranken sich unterschiedliche Legenden. Einig sind sich alle Quellen, dass Usuis Leben in eine Krise geraten war.

Laut William Rand scheiterte Usuis persönliches und geschäftliches Leben, laut Hawayo Takata war Usui lediglich verzweifelt, weil er noch immer nicht die tibetanischen Heilgeheimnisse entschlüsselt hatte.

Usui zog sich einige Wochen zurück, um auf den nahe gelegenen Kuruma Berg (Kurumayama) zu meditieren, wo eine buddhistische Tempelanlage lag, die von zahlreichen Kaisern und anderen japanische Berühmtheiten zur Meditation aufgesucht wurde.

Während seiner Meditation »empfing« Usui die Reiki-Energie und war danach in der Lage, diese an andere weiterzugeben. Usuis Leben nahm eine neue Wendung.

Hawayo Takatas Version der Usui Geschichte erzählt, dass seine Tätigkeit zunächst nur auf die Körperheilung ausgerichtet war. Er ging in die Armenviertel von Kyoto und begann, Reiki an die Obdachlosen weiterzugeben. Auf diese Art und Weise sammelte Usui im Laufe der Jahre viele Erfahrungen. Als er die Slums jedoch verließ und seine Ergebnisse buddhistischen Mönchen präsentierte, erntete er nur Ablehnung, da an erster Stelle die Spiritualität, die mentale Ebene steht. Diese Erfahrung führte dann zu einer einschneidenden Veränderung seiner Reiki-Lehre.

Usui erweiterte sein Heilsystem durch eine mentale und spirituelle Ebene. Er baute die »Richtlinien für ein erfülltes Leben« des japanischen Meiji-Kaisers (1852–1912) mit ein, die heute als die fünf Lebensregeln bekannt sind. Er begann auch für seine kostenlosen Behandlungen Geld zu nehmen, getreu dem Motto, dass etwas nur dann als wertvoll angesehen wird, wenn man etwas dafür bezahlen muss.

Sieben Jahre nach seiner ersten Meditation begann Usui, Reiki öffentlich zu lehren. 1921 eröffnete er seine Reiki-Praxis in Harajuku, Tokyo.

1923 wurde Tokyo durch ein Erdbeben erschüttert. Große Teile der Stadt wurden zerstört und über 140.000 Menschen kamen ums Leben. Usui begann die Opfer des Erdbebens zu behandeln und eröffnete 1925 eine neue Klinik in Nakano, außerhalb Tokyos. 1925 wurde Dr. Chujiro Hayashi in die Praxis des Reiki eingeweiht. Er war der Mann, der später Reiki mit seiner Schülerin Hawayo Takata in den Westen brachte.

Am 9. März 1926 starb Mikao Usui im Alter von 61 Jahren in Fukuyama an seinem dritten Gehirnschlag. Er wurde auf dem Saihoji Friedhof bestattet, der sich in einem Vorort von Tokyo befindet. Dort kann man noch heute sein Grab besuchen. Sein Gedenkstein enthält eine ausführliche Inschrift über sein Leben und Wirken. Er hinterließ ca. 16 Reiki-Meister und über 2.000 Schüler.

Hawayo Takata wurde am 24.12.1900 auf der Insel Kauai als Tochter eines einfachen Arbeiters geboren, der seinen Lohn in den Zuckerrohrfeldern Hawaiis verdiente.

Mit 13 Jahren begann sie zu arbeiten. Sie half zuerst in einem Kiosk aus und wurde schließlich Hausmädchen auf einer Zuckerrohrplantage. Am 10.03.1917 heiratete sie den Buchhalter Saichi Takata. Sie bekam zwei Töchter.

Bereits 1930 starb ihr Mann im Alter von nur 34 Jahren an Lungenkrebs. Zuvor wurde er in der Maeda-Klinik in Tokyo behandelt.

Um für den Unterhalt zu sorgen, musste Hawayo zusätzlich zu ihrer Hausmädchentätigkeit einen Nebenjob als Geldeintreiberin für die Wasserwerke annehmen.

Die ungeheure Belastung als allein erziehende Mutter zweier Töchter mit zwei Jobs forderten auch bald ihr Opfer. Nur vier Jahre nach dem Tod ihres Mannes erlitt sie einen Nervenzusammenbruch. Diverse Krankheiten wie schmerzhafte Unterleibsbeschwerden, die auf einen Tumor in der Gebärmutter zurückzuführen waren, eine fortschreitende Atemwegserkrankung, die von Symptomen wie Husten, Niesen und Atemnot begleitet wurden, traten auf. Mit nur 34 Jahren war Takata körperlich und nervlich ein Wrack. Hinzu kam noch der Tod einer ihrer Schwestern.

Takata fuhr nach Japan, um ihren Eltern die traurige Nachricht zu überbringen. Ihre Eltern überzeugten sie, sich in der Maeda-Klinik behandeln zu lassen. Sie wurde drei Wochen lang gründlich untersucht, und die Diagnose ergab schließlich, dass sie nicht nur einen Tumor und Gallensteine hatte, sondern auch an einer Blinddarmentzündung litt. Sie sollte daher dringend operiert werden. Doch eine innere Stimme warnte sie vor diesen Operationen. So fragte sie nach Alternativen. Dr. Maeda kannte in der Tat eine, denn seine Schwester war von Dr. Hayashi mit einer neuen Behandlungsmethode namens Reiki aus dem Koma geholt worden. Takata wurde in die Klinik von Dr. Hayashi eingewiesen.

Der 1878 geborene Dr. Hayashi war Kapitän der japanischen Reserve-Marine gewesen, als er Dr. Usui begegnete. Obwohl Dr. Hayashi nie offizielles Mitglied der Usui Reiki Ryoho Gakkai (Usui Gesellschaft) war, pflegte er engen Kontakt zu Usui und begleitete diesen auf vielen seiner zahlreichen Reisen durch Japan. Als Arzt mit militärischem Hintergrund sorgte er für »Ordnung« im Usui-System. Er führte eine Behandlungsform mit verschiedenen festgelegten Handpositionen ein und strukturierte außerdem die Reiki Schulungen in drei verschiedene Grade (im Gegensatz zu den damals ebenfalls üblichen sechs Graden). Takata erhielt nun täglich Reiki-Behandlungen und bereits nach drei Wochen stellten sich deutliche Erfolge ein. Vier Monate später waren das Asthma und die Gallensteine geheilt. Sie bat nun darum, Reiki selbst erlernen zu dürfen. Sie blieb ein weiteres Jahr in Japan und erhielt 1936 den ersten und zweiten Reiki-Grad von Dr. Hayashi. Kurz darauf ging sie zurück in ihre Heimat und brachte so Reiki mit in die westliche Welt.

Nachdem sich erste Heilerfolge im Freundes- und Familienkreis einstellten, begann sich ihr Ruf zu verbreiten und immer mehr Menschen anzuziehen. Ende 1936 eröffnete sie ihre erste Praxis in Kapaa und Dr. Hayashi kam zu Besuch nach Hawaii und begann, öffentliche Vorträge über Reiki zu halten, Kurse zu geben und Menschen zu behandeln.

Am 21. Februar 1938 wurde Takata als Reiki-Lehrerin eingeweiht. Hayashi verließ Hawaii und setzte seine Arbeit in Japan fort. Er starb am 10. Mai 1941.

1938 ging Takata nach Chicago und studierte an einem College für »nicht-medikamentöse« Medizin. 1939 kehrte sie nach Hawaii zurück, und eröffnete wenig später ihre Klinik in Hilo, Big Island, Hawaii. Weitere Kliniken folgten im Laufe der Jahre, aber erst 1970 begann sie, Reiki-Lehrer gegen Entgelt zu unterrichten. Reiki eins kostete 175 USD, Reiki zwei USD 500 und die Lehrerausbildung schlug mit 10.000 USD zu Buche – damals umgerechnet ca. Euro 15.000.

Am 12.12.1980 starb Takata im Alter von 79 Jahren. Sie hinterließ 22 Reiki-Meister und es stellte sich die Frage, wer ihre Rolle als Großmeisterin übernehmen sollte.

Phyllis Lei Furumoto, die Enkelin von Hawayo Takata, die von ihrer Großmutter in Reiki eingeweiht worden war, begann 1981 und 1982 vier Lehrer auszubilden und initiierte ein erstes Treffen aller Reiki-Lehrer im April 1982. 1983 wurde die Reiki-Allianz in British Columbia bei Barbara Brown, einer Schülerin von Takata, gegründet. Es stellte sich heraus, dass Reiki bisher nur mündlich überliefert wurde und somit auch verschiedene Variationen der Zeichen existierten.

Weber Ray gründete alsbald ihre eigene Gruppe unter dem Namen »The Radiance Technique«, und verkündete, dass sie das einzig authentische Reiki lehren würde. Den Begriff, »Authentic Reiki TM« ließ sie sich schützen. Während die Radiance über sieben Reiki-Grade verfügt, werden in der Reiki-Allianz drei Grade gelehrt.

Wie es derzeit aussieht, wird es so auch in Zukunft bleiben, denn nach wie vor sind die einzelnen Reiki-Lager zerstritten. Gestritten wird über alles, worüber sich streiten lässt. Beginnend bei Fragen um historische Fakten, über die Verfahrensweisen und Praktiken (wer bietet das einzig »wahre« Reiki an?), bis hin zum geliebten Thema Geld.

Besonders angeheizt wurde diese Diskussion durch Phyllis Furumotos Versuch, die Begriffe »Reiki«, »Usui System«, »Usui Shiki Ryoho« für ihr eigenes Unternehmen Furumoto Inc. und zusätzlich auf ihren eigenen Namen zu schützen.

Hier ein Auszug aus Frank Arjava Petters Buch »Reiki – Das Erbe des Dr. Usui« über den Stand der Dinge.

Er berichtet über die Reaktionen auf sein erstes Buch, das die Inschrift von Usuis Grabstätte zum ersten Mal vorstellte: »Die ersten sehr unangenehmen Reaktionen kamen innerhalb einer Woche von Funktionären einer großen Reiki-Organisation, ansonsten war das mich erreichende Feedback positiv ...

Man warf mir aus Amerika und Holland vor, gegen »geheime japanische Sitten« verstoßen zu haben (die gar nicht existieren), und der Verlag wurde aufgefordert, das Buch zurückzuziehen: Ich hätte das Grab von Herrn Usui mit der Veröffentlichung

Wichtig!
Reiki ersetzt keinen Arzt oder Heilpraktiker, ist aber gut mit medizinischen oder anderen Therapien zu kombinieren.
Es wird dabei keine Diagnose gestellt.

»entweiht« und so weiter und so fort ... Ich war über diese Reaktion zutiefst erschüttert, war doch der Grund meiner Recherchen gewesen, endlich die Wahrheit über die Reiki-Geschichte ans Licht zu bringen. Zum Glück schickten mir viele Reiki-Lehrer begeisterte Briefe und bedankten sich bei mir für meine Arbeit, während ein paar große Reiki-Fische mir an den Kragen wollten. Offensichtlich hatte ich mit dem Buch Machtstrukturen angegriffen, die man jetzt krampfhaft zu verteidigen suchte ...«

Das Reikizeichen und seine Bedeutung

Da »Reiki« ein japanisches Wort ist, wird es durch Bilder repräsentiert.
Rei (die obere Hälfte des Zeichens) bedeutet universal,
Ki (die untere Hälfte) bedeutet (Lebens-)Kraft.

Das Reikizeichen

Einige werden den Begriff »Ki« oder chinesisch »Chi« bereits schon einmal gehört haben: z.B. Tai Chi oder Qi Gong, in den Kampfsportarten wird mit »Ki« gekämpft, z.B. Ai-Ki-Do

Was ist Reiki?

- Hilfe zur Selbsthilfe
- Energiearbeit
- eine Entspannungstechnik
- eine fernöstliche Methode zur Stärkung des Immunsystems und zur Aktivierung der Selbstheilungskräfte
- eine leicht zu erlernende Behandlungstechnik, die immer, überall und in jeder Lage gefahrlos anzuwenden ist

- eine Behandlungstechnik für jedes lebendige Wesen, das täglich Energie verbraucht
- wird oft als ganzheitliche Heilmethode bezeichnet, was in gewissem Sinne auch richtig ist

■ *Reiki zur Beruhigung und Entspannung.*

Was ist Reiki nicht?

- eine Religion, eine Sekte oder ein Glaubenssystem
- eine Art von Suggestion oder Hypnose
- nur bloßes »Handauflegen«
- nur für einige wenige

Wie funktioniert Reiki?

Das ist die Frage für Skeptiker. Darauf gibt es in Deutschland derzeit keine wissenschaftlich untermauerten Antworten. Reiki ist noch nicht überprüfbar, aber Reiki ist spürbar und erfahrbar.

Dabei kennt die Technik des Handauflegens eigentlich jeder. Wenn man sich irgendwo stößt oder Bauchweh hat, legt man intuitiv die Hände auf die schmerzenden Stellen und in den meisten Fällen hilft dies sogar, den Schmerz zu lindern.

Reiki ist die erweiterte Form dieser naturgegebenen Reaktion, eine so genannte Energiearbeit.

Die reikigebende Person stellt sich als »Kanal« für die universelle Lebensenergie zur Verfügung. Hierbei wird die Energie aufgenommen und durch den Körper in die Hände geleitet. Durch das Auflegen der Hände nimmt der Empfänger so viel Energie auf, wie er benötigt.

Die Reiki-Kraft wird nicht durch den Reiki-Gebenden in den Empfänger gepresst, sondern es fließt genauso viel Energie, wie der andere bereit ist aufzunehmen.

Reiki ist eine intelligente Energie, die genau dorthin fließt, wo sie benötigt wird. Bei einer Reiki-Behandlung wird vom Behandler die universelle Lebensenergie auf den Klienten übertragen und dadurch der Energiefluss harmonisiert. Dabei ist der Behandler ausschließlich Kanal für die Reiki-Energie, die er über seine Hände an den Klienten weitergibt. Durch sanftes Auflegen der Hände tritt eine tiefe Entspannung und wohltuende Wärme ein, die zur Tiefenentspannung führt. Die Energie wirkt beruhigend und ausgleichend.

Bei körperlichen Beschwerden wie zum Beispiel Arthrose oder Verspannungen führt die Wärme zu einer Entspannung der Muskulatur und somit oft zu einer Schmerzlinderung. Dadurch werden die Selbstheilungskräfte aktiviert oder verstärkt, so dass der Heilungsprozess positiv beeinflusst und gegebenenfalls sogar beschleunigt wird. Mit jeder Handposition führt der Reiki-Behandler dem Körper Energie zu, über den Ausgleich der Chakren werden Blockaden aufgelöst, so dass die Energie im Körper wieder frei fließen kann.

Reiki kann man auch gezielt über die Chakren (Energiezentren) (Scheitelchakra, Stirnchakra, Kehlchakra, Herzchakra, Solar-Plexus-Chakra, Sakralchakra und Wurzelchakra), das Zentrale Nervensystem oder das Meridiansystem fließen lassen.

Daher mein ganz persönlicher Tipp, wenn Sie zweifeln: Lassen Sie sich behandeln und erfahren Sie Reiki selbst oder schauen Sie ganz genau hin, wie sich Ihr Pferd bei einer Reiki-Behandlung verhält.

Reiki-Behandlung der an »Schimmelkrebs« erkrankten Puppa.

Energie und Energiearbeit

Alles um uns herum besteht aus Energie. Diese Theorie wird von modernen Physikern vertreten, die behaupten, dass Umgebungsenergie und atmosphärische Energie genau so eine reale und unsichtbare Kraft ist wie die Schwerkraft. Diese Energie ist jedoch nicht nur um uns herum, sondern fließt auch innerhalb aller Organismen. Sie kann eine merkliche Wirkung auf den Körper ausüben, wenn sie kanalisiert wird.

Anstatt Energie hört man auch immer wieder den Begriff Bioenergetik. Bioenergetik wird beschrieben als unsichtbare und kurzwellige Schwingung. Diese Umgebungsenergie kann dann durch die Energiebahnen (Meridiane) und die Energiezentren (Chakren) geleitet werden. Die Umgebungsenergie umgibt den physischen Körper mit einem Energiefeld, was als Aura bezeichnet wird und mittels der Kilian-Fotografie sogar sichtbar gemacht werden kann. Da der gesamte Körper von Energie genährt wird, können die Funktionen des Körpers durch eine Störung des Energieflusses beeinträchtigt werden.

Auch kann negative Energie in das Energiefeld eindringen und Störungen verursachen. Unter negativer Energie sind sämtliche Energien zu verstehen, die den Körper aus dem Gleichgewicht bringen, wie z.B. Elektrosmog.

Sichtbarmachung von Energie mittels Wärmebild

Thermografie ist die Messung und Sichtbarmachung der abgestrahlten thermischen Energie eines Objektes mit Hilfe einer Kamera.

Thermische oder infrarote Energie ist Licht mit einer Wellenlänge, die viel zu groß ist, um vom menschlichen Auge wahrgenommen zu werden. Diesen nicht sichtbaren Abschnitt des elektomagnetischen Spektrums nehmen wir als Wärme wahr.

Im Gegensatz zu sichtbarem Licht strahlt in der Welt des Infraroten jedes Objekt Wärme ab, dessen Temperatur über dem absoluten Nullpunkt liegt. Daher geht sogar von sehr kalten Objekten – wie zum Beispiel Eiswürfeln – infrarote Strahlung aus.

Je höher die Temperatur eines Objekts ist, desto intensiver ist die von ihm abgegebene Infrarotstrahlung. Im Infraroten kann man daher Dinge erkennen, die sonst für unsere Augen nicht sichtbar sind.

Wärmebildkameras (Thermofotografie) erzeugen Bilder der unsichtbaren Infrarot- bzw. Wärmestrahlung und ermöglichen damit präzise berührungslose Temperaturmessungen.

Bei der Untersuchungsmethode der Thermofotografie wird die von einem Körper ausgehende Infrarot-Abstrahlung mit Hilfe einer Wärmebildkamera aufgezeichnet und auf einem Moni-

tor sichtbar gemacht. Alle gemessenen Daten werden am PC gespeichert und Abweichungen der Abstrahlungen können erfasst werden. Dadurch erhält man exakte Angaben über pathologische und physiologische Veränderungen.
Die Farbmuster, die bei einer Wärmebildkamera aufgezeichnet werden, können schwarz, lila, blau, grün, gelb oder rot sein.
Die einzelnen Farbmuster können angeklickt werden und die jeweilige Temperatur wird angezeigt. Die höchste Temperatur wird immer im Bereich des Hot Spots sein, wo auch der Mittelpunkt des Schmerzes sitzt.

Bislang wurde die Energie und somit Wärme, die sich bei energetischen Heilmethoden entwickelt, in den seltensten Fällen sichtbar gemacht.
Studien, die seit einiger Zeit über die Sichtbarmachung von Energie (sprich Wärmebildung) im Körper von Jeanette Gerkens-Kuhlow (Tierphysiotherapeutin, Osteopathin und Reiki-Lehrerin) und Britta Vock (Tierheilpraktikern, Reiki-Meister/-Lehrerin) betrieben werden, bringen allerdings verblüffende Ergebnisse im Bereich von Reiki und Edelsteintherapie.

Reiki-Behandlung beim Menschen

Die erste Aufnahme zeigt den Rücken einer Probandin vor einer Reiki-Behandlung. Die zweite Aufnahme wurde nach zwei Minuten der Reiki-Behandlung und die dritte nach 5-minütiger Reiki-Gabe gemacht. Die Hand wurde nicht aufgelegt, sondern nur über den Rücken der Probandin gehalten.

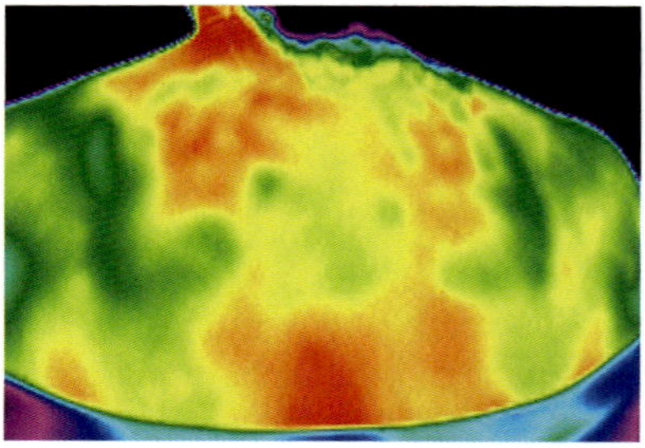

Rücken vor der Reiki-Behandlung.

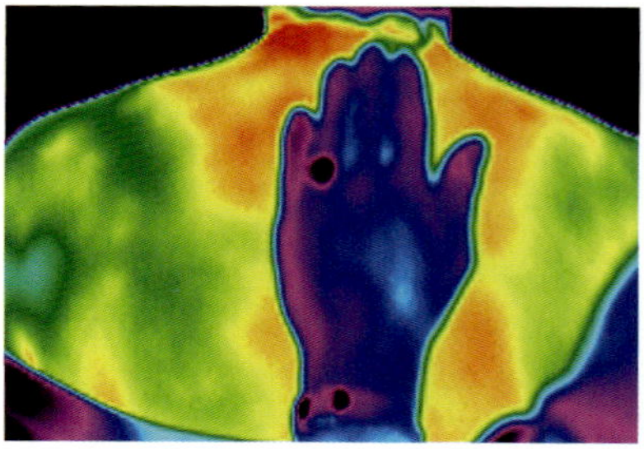

Rücken während der Behandlung.

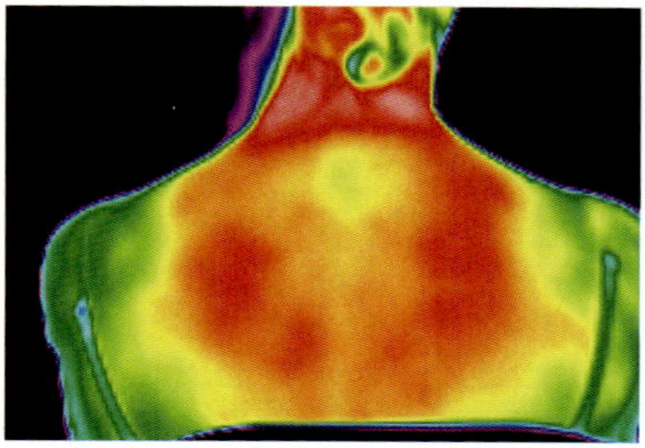

Rücken nach der Reiki-Behandlung.

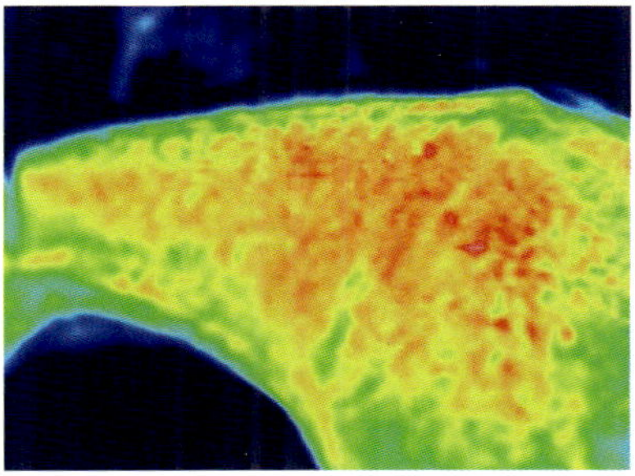

Pferd vor der Reiki-Behandlung.

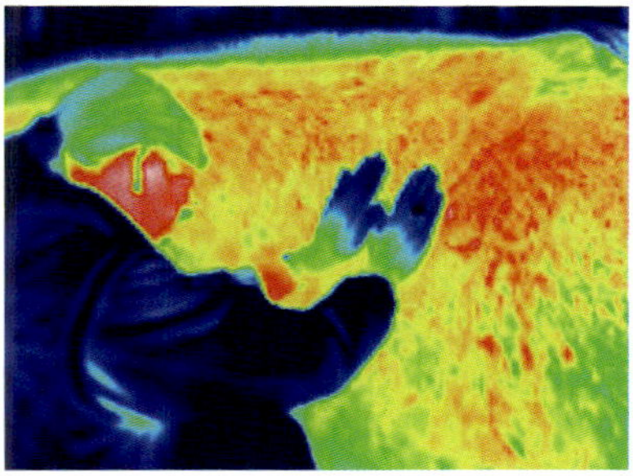

Pferd zu Beginn der Behandlung.

Gut sichtbar ist der Temperaturanstieg (roter Bereich) entlang der Wirbelsäule bis in die Schulterblätter und in den Nackenbereich. Ebenfalls gut ersichtlich ist, dass die Hand des Behandlers eher kühl ist (Blaufärbung).

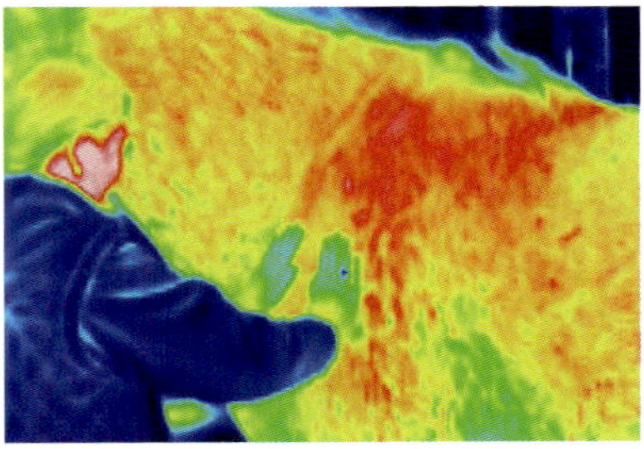

Pferd nach acht Minuten Reiki-Gabe.

Reiki-Behandlung beim Pferd

Auf der ersten Wärmebildaufnahme ist die Verspannung des Pferdes im Nacken und Schulterbereich sichtbar gemacht. Die zweite Aufnahme entstand in der ersten Minute der Reiki-Behandlung. Die dritte Aufnahme wurde ebenfalls während der Reiki-Behandlung nach acht Minuten gemacht. Die Hände wurden direkt auf das Pferd aufgelegt und die Handposition nur einmal gewechselt. Zu sehen ist, wie sich die Wärme (sprich Energie durch einsetzende Durchblutung) von den Händen bis in die Schulter und hoch zum Widerrist ausbreitet, also zur eigentlichen Blockade (starke Rotfärbung). Ebenfalls gut erkennbar ist, dass die Hände des Reiki-Behandlers eingangs noch sehr kalt waren (blau) und sich während der Reiki-Behandlung nur minimal erwärmten (grün).

Behandlung mit Edelsteinessenzen

Aufnahme eins zeigt den Bauch der Probandin vor Aufbringen der Edelsteinessenzen. Aufnahme zwei zeigt ebenfalls den Bauch, aber nach Aufbringen der Edelsteinessenz auf den Solar-Plexus (türkis bis grün). Aufnahme drei zeigt die Wärme- bzw. Energieentwicklung der Edelsteinessenz im gesamten Bauchbereich (Rotfärbung). Zu erkennen ist auch, dass der Solar-Plexus (auf den die Essenz aufgebracht und wieder abgetupft wurde) wesentlich kühler (grün) ist als der restliche Bereich.

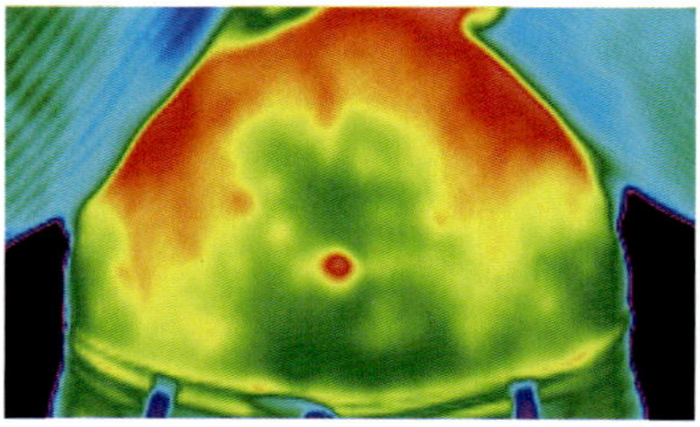

Bauch vor dem Auftragen der Essenz.

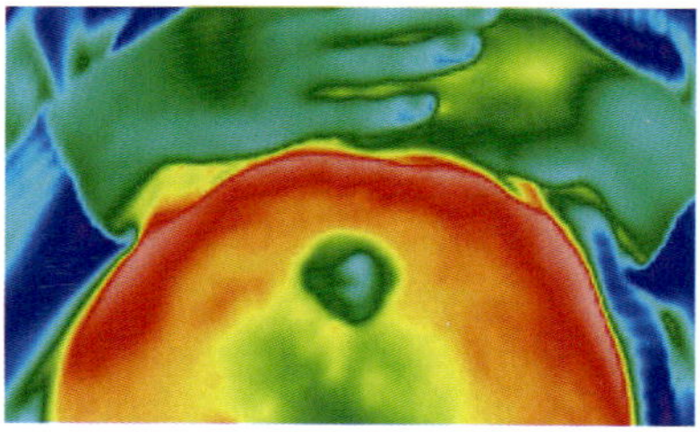

Bauch direkt nach dem Auftragen der Essenz.

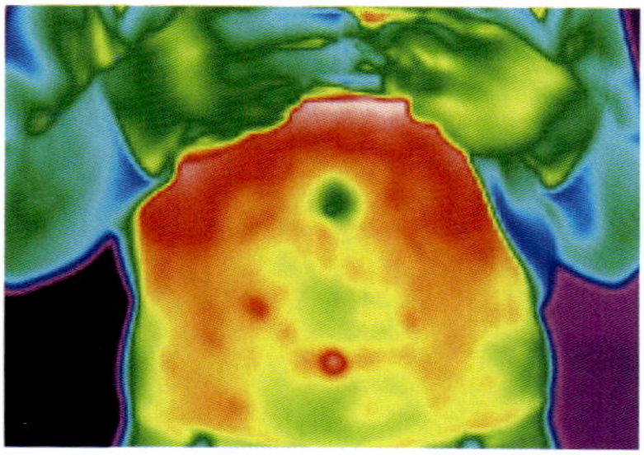

Bauch nach Abwischen der Essenz.

Thermografie ist ein berührungsloses Messverfahren, das heißt, man kann mit Hilfe einer Wärmebildkamera Tiere untersuchen und beispielsweise Krankheiten diagnostizieren, ohne die Tiere stören, betäuben oder anfassen zu müssen.
Stressige Untersuchungen werden überflüssig, da das Tier in seiner gewohnten Umgebung bleibt und keine Eingriffe oder Ruhigstellungen (Sedierungen oder Narkosen) notwendig werden. Eine Thermografie kann beliebig oft wiederholt werden.
Das Wärmebild macht Schwächen erkennbar, bevor sie zum Problem werden. Im Rahmen einer regelmäßigen Vorsorge erspart dies den Tieren viele Schmerzen und kann auch prophylaktisch eingesetzt werden. Ist bereits ein Problem da, kann die Thermografie wichtige Hinweise für die richtige Diagnose des Tierarztes liefern.

Energiesystem (Zentrales Nervensystem, ZNS)

Das Nervensystem erzeugt auch ein ständig wechselndes elektrisches Feld in und um unseren Körper. Dieses Feld kann direkt beeinflusst werden, etwa durch Handauflegen, ein in alten Zeiten durchaus übliches und wir-

kungsvolles Heilverfahren. Auch ohne direkte Berührung kann man die menschliche Aura beeinflussen.
Weil beim Menschen und bei den Tieren so vieles über die Nerven läuft, gehören auch alle Therapien dazu, die durch spezifische Nervenreize wirken. Sie werden unter dem Namen Reiztherapien zusammengefasst.
Die bekannteste Reiztherapie ist die Akupunktur und ihr kleiner Abkömmling, die Akupressur. Bei der Fußreflexzonenmassage des Menschen können alle Körperregionen und Organe (außer die Füße selbst), durch Massage der entsprechenden Zonen an den Füßen erreicht und sozusagen von innen heraus massiert werden.
Das zentrale Nervensystem (ZNS) versorgt den ganzen Körper von der Medulla bis zum Steiß mit Energie und die entsprechenden Organe. Hierüber kann man auch die Reiki-Energie fließen lassen.

ZNS Mensch

Nacken- und Halswirbelbereich

1. Schädel, Gesicht, Blutzufuhr zum Kopf, Gehirn, Ohren, Sympathikus
2. Gesichtshöhlen, Augen, Stirn, Zunge, Sehnerv
3. Wangen, Zähne, Ohren, Gesichtsknochen
4. Mund, Lippen, Nase, Ohrtrompete
5. Stimmbänder, Rachenhöhle, Halsdrüsen
6. Halsmuskeln, Mandeln, Schultern
7. Schulterschleimbeutel, Ellenbogen, Schilddrüse

Oberer Rücken- und Mittlerer Rückenbereich

1. Unterarm und Hand, Luftröhre, Speiseröhre
2. Herzklappen, Herzkranzgefäße
3. Brustkorb, Lungen, Brüste, Bronchien
4. Gallenblase und Gallengänge
5. Leber, Blut, Sonnengeflecht
6. Magen
7. Zwölffingerdarm, Bauchspeicheldrüse
8. Milz, Zwerchfell
9. Nebennieren
10. Nieren
11. Harnröhren und Nieren
12. Dünndarm, Eileiter, Blutkreislauf

Unterer Rücken- und Lendenwirbelbereich

1. Dickdarm
2. Bauch, Appendix, Oberschenkel
3. Geschlechtsorgane, Blase, Knie
4. Ischias-Nerv, untere Rückenmuskeln, Prostata
5. Bein, Fußknöchel, Fuß, Hüfte Gesäß, Mastdarm, After

Energiesystem (Meridiansystem)

Des Weiteren gibt es in der traditionellen chinesischen Medizin (TCM) das Meridiansystem. Bei diesen »Leitbahnen« handelt es sich um Verbindungen zwischen Punkten, die ähnliche therapeutische Wirkrichtungen wie beispielsweise auf das Herz, die Niere oder die Lunge haben.

Diese 12 Meridiane fließen in einem geschlossenen Kreislauf. So fließt die Energie durch den Magen-Meridian, dann den Milz-Pankreas-Meridian, Herz-Meridian, usw. Nach dem Dickdarm-Meridian ist dann wieder der Magen-Meridian dran. Zusätzlich gibt es zwei Meridiane, die genau in der Körpermitte fließen und einen übergeordneten, geschlossenen Kreislauf darstellen.

Über die Meridiane können äußere Störungen in den Körper eindringen, genauso wie sich Erkrankungen der inneren Organe über das Meridiansystem auszubreiten vermögen.

So kann beispielsweise das so genannte Magenfeuer zu Schwellungen und Blutungen des Zahnfleisches führen oder das so genannte Gallenblasenfeuer zu Ohrenschmerzen, Ohrgeräuschen und Schwerhörigkeit.

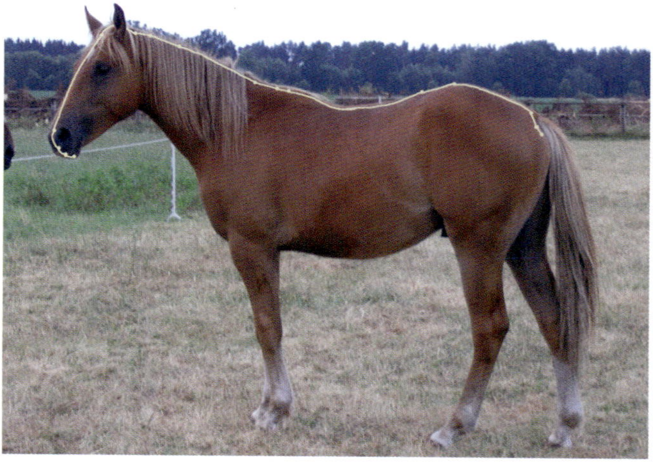

Beispiel eines Meridianverlaufes beim Pferd.

Die Meridiane dienen jedoch auch diagnostischen Zwecken. So kann eine Druckschmerzhaftigkeit über Akupunkturpunkte auf Erkrankungen an dem dazugehörenden Organ hinweisen, genauso wie das entsprechende Organ auch über Akupunkturpunkte beeinflussbar ist.

Das Meridiansystem ist Grundlage für die Akupunktur und die Akupressur. Auch über das Meridiansystem kann der Behandler die Reiki-Energie fließen lassen.

Die Chakren (Energiezentren des Meridiansystemes)

Während die Meridiane die Energieleitbahnen im Körper sind, werden die Energiezentren auch Chakren genannt. Die Chakren sind im Bereich der Wirbelsäule durch die Meridiane auf sehr komplexe Weise miteinander verbunden.

Chakra ist ein Wort aus dem Sanskrit, was so viel wie Rad oder Kreis bedeutet. Man muss sich vorstellen, dass die Chakren wie Pumpen den Energiefluss in unserem Energiesystem regulieren. Funktioniert nun eines dieser Energiezentren nicht, so ist der Energiefluss gestört.

Diese Störungen äußern sich dann als Krankheit, Disharmonie, Unwohlsein uvm. Gesund und ausgeglichen ist nur derjenige Körper, dessen Energiezentren gleichmäßig arbeiten. Daher ist es auch nicht ratsam, ein Chakra übermäßig zu aktivieren.

Es gibt sieben Hauptchakren, die den sieben Spektralfarben entsprechen und den sieben Tönen der klassischen Tonleiter (den sieben Bereichen einer Oktave). Daneben gibt es ca. 21 Nebenchakren.

Als Nebenchakren werden bei Menschen noch die Hand- und Fußchakren angeführt. In Bezug auf Reiki sind gerade diese sehr wichtig, weil sie Energien abgeben.

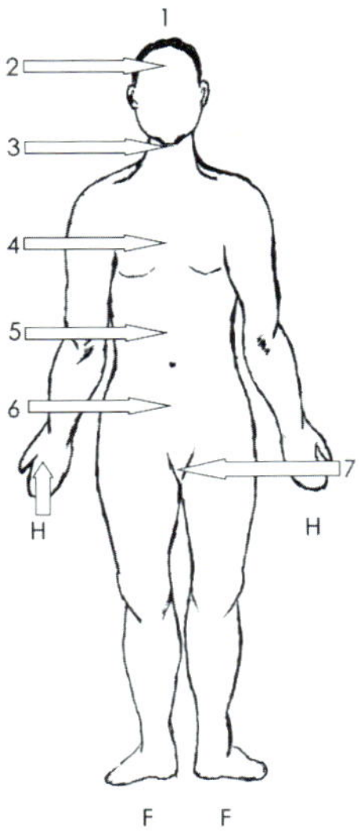

Chakren des Menschen.

Während man also beim Menschen von sieben Hauptchakren spricht, so wird oft die Ansicht vertreten, dass das Tier nur über vier Chakren verfügt, die da sind:

- Herzchakra,
- Solar-Plexus-Chakra,
- Sakralchakra und
- Wurzelchakra.

Jedoch besitzen Hund, Pferd und Katze auch Stirn-, Scheitel- und Halschakra und diese sollten stets mitbehandelt werden.

Mit der Chakrenarbeit haben schon viele Therapeuten positive Erfahrungen machen dürfen. Aber jeder sollte sich selbst ein Bild davon machen und diese Chakren »erfühlen«.

Die **Chakren** sind in unserem Sprachgebrauch sehr geläufig und jeder spürt in der Regel eine Blockade des Energiezentrums. Nur leider wissen wir oft gar nicht, was wir spüren bzw. wovon wir reden.

Ein gutes Beispiel ist der Ausdruck: »Es schnürt mir die Kehle zu.« Derjenige, der diese Aussage trifft, spürt regelrecht den Kloß im Hals, der nichts weiter ist, als ein blockiertes Halschakra.

Ein weiteres Beispiel ist der Satz: »Mein Herz ist schwer.« Der Druck auf dem Herzen wird gespürt, aber das Bewusstsein dafür, dass es sich hier um eine Blockade des Herzchakras handelt, ist nicht in unserem westlichen Bewusstsein vorhanden.

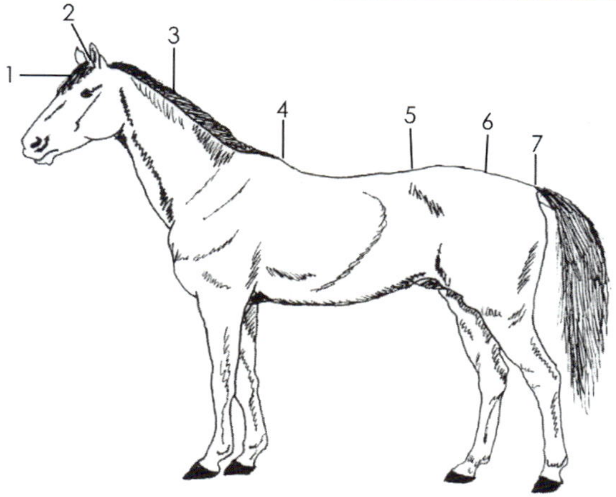

1. Stirnchakra (Drittes Auge), 2. Scheitelchakra (Kronenchakra), 3. Halschakra (Kehlchakra), 4. Herzchakra, 5. Solar-Plexus-Chakra (Sonnengeflecht), 6. Sakralchakra (Sexualchakra), 7. Wurzelchakra

Hier nun die sieben Chakren im Einzelnen:

Drittes Auge

Das Dritte Auge wird auch als Ajna-Chakra oder Stirn-Chakra bezeichnet. Zu finden ist es in der Mitte der Stirn, etwas oberhalb zwischen den Augen (bei Pferden in der Mitte der Stirn, etwa 1–2 Finger breit über der Augenlinie).

Geistige Reife, Hellsichtigkeit, das Erreichen der obersten Entwicklungsstufe, Spiritualität und Ideen werden ihm zugeordnet. Grundprinzip ist Kenntnis des Seins.

Bei Tieren, die geistig und körperlich eingeengt werden, treten oftmals Verhaltensstörungen auf, die über das Stirn-Chakra behandelt werden können. Allerdings bedarf es äußerster Vorsicht, wenn man am Kopf der Tiere arbeiten möchte, da die Tiere gerade bei der Erstbehandlung mit Abwehr oder Flucht reagieren können.

Über das Stirnchakra können alle mit dem Kopf zusammenhängenden Krankheiten (Kopf, Augen, Ohren, Nase, Nebenhöhlen, Kleinhirn) behandelt werden.

Ebenso kann das Stirn-Chakra zur Beruhigung des Tieres (Gewitter, laute Geräusche, ungewohnte Ereignisse, Prüfungen etc.) und zur Beeinflussung des zentralen Nervensystems eingesetzt werden.

Zur Auflösung von Blockaden gleicht man das Stirn-Chakra mit dem Sakral-

Kronen-Chakra (violett) und Stirn-Chakra (blau) beim Pferd.

Chakra aus. Zugeordnet werden diesem Chakra die Farbe Indigoblau (manchmal auch Gelb und Violett), die Heilsteine Lapislazuli und Sodalith und die Aromen Jasmin, Minze, Lemongrass, Veilchen, Weihrauch sowie als Symbol der 96-blättrige Lotus.

Scheitel-Chakra

Das Scheitel-Chakra wird auch als Sahasrara-Chakra oder Kronen-Chakra bezeichnet und befindet sich genau auf dem Kopf zwischen den Ohren.

Zugeordnet wird diesem Chakra das Bewusstsein. Über das Scheitel-Chakra können alle im Kopf befindlichen Krankheiten (Stirnhöhlen-, Nasennebenhöhlen-, Ohren- und Kiefererkrankungen) behandelt werden.

Des Weiteren kann über das Scheitel-Chakra zur Beruhigung und bei Angst oder Schmerzen behandelt werden.

Kehl-Chakra beim Pferd.

Zur Auflösung von Blockaden wird das Scheitel-Chakra mit dem Wurzel-Chakra ausgeglichen.

Zugeordnet werden diesem Chakra die Farbe Violett (aber auch Weiß und Gold), die Steine Amethyst und Bergkristall und die Aromen Weihrauch, Rosenholz, Neroli sowie als Symbol des Tausendblättrigen Lotus.

Hals-Chakra

Das Hals-Chakra wird auch Vishudda-Chakra oder Kehl-Chakra genannt und befindet sich direkt über dem Kehlkopf (bei Pferden etwa dort, wo der Kehlriemen liegt, direkt hinter den Ganaschen).

Zugeordnet werden diesem Chakra Kommunikation und Individualität.

Gesundheitliche Probleme, die im Halsbereich anzusiedeln sind (Kehlkopf, Schilddrüse, Speiseröhre, Bronchien und Atemwege) können über dieses Chakra ebenso behandelt werden, wie auch Probleme der vorderen Gliedmaßen.

Das Hals-Chakra wird in der Regel mit dem Solar-Plexus-Chakra zur Auflösung von Blockaden ausgeglichen.

Zugeordnet werden diesem Chakra die Farbe Hellblau (auch silbrig oder grünlich-blau), die Steine Aquamarin, Türkis und Chalcedon und die Aromen Eukalyptus, Kampfer, Pfefferminze, römische Kamille, Manuka sowie das Symbol 16-blättriger Lotus.

Herz-Chakra

Das Herz-Chakra wird auch Anahata-Chakra genannt. Zu finden ist es genau über dem Herzen, direkt hinter den Vorderbeinen (bei Pferden auf

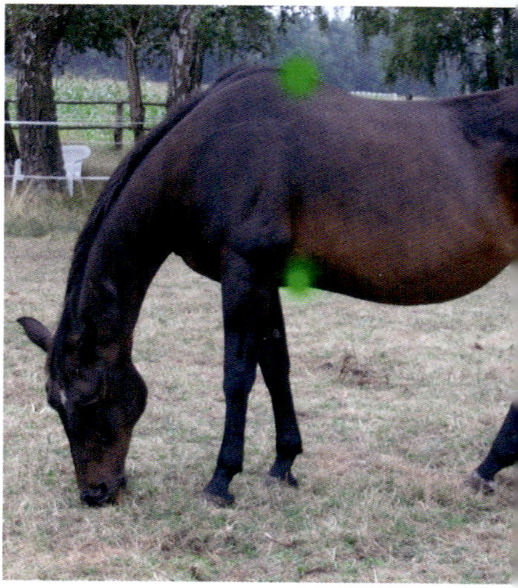

Herz-Chakra beim Pferd.

Höhe des Widerrists in etwa in Position Brust zwischen den Vorderbeinen, dort wo auch die Gurtlage ist).
Liebe, Offenheit und Güte werden ihm zugeordnet. Es ist daher für alle Impulse der Liebe zuständig, aber auch für die allgemeine Kommunikation.
Ist das Herz-Chakra gestört, kann es zu Herzproblemen, Kreislauf- und Herzrhythmusstörungen, Stoffwechselkrankheiten, Frieren und hormonellen Disharmonien kommen.
Positiv beeinflusst werden über dieses Chakra auch das zentrale Nervensystem, die Schilddrüse und die Hypophyse. Die Durchblutung kann angeregt und Rückenprobleme können gelindert werden.
Zur Auflösung von Blockaden gleicht man das Herz-Chakra nur mit der rechten Hand auf diesem Chakra aus (sofern der Chakrenausgleich nach dem so genannten 7-armigen Kerzenleuchter stattfindet).
Zugeordnet werden diesem Chakra die Farben Grün oder Rosa, die Steine Turmalin, Kunzit, Smaragd, Jade, Rosenquarz und die Aromen Rose, Jasmin, Estragon, Kardamom sowie das Symbol 12-blättriger Lotus.

Solar-Plexus-Chakra

Das Solar-Plexus-Chakra wird auch Manipura-Chakra, Sonnengeflecht oder Sonnenzentrum genannt. Es ist am Ende des Brustbeines fast in der Körpermitte zu finden (bei Pferden an den letzten Rippenbögen, direkt hinter dem Sattel).

Solar-Plexus-Chakra beim Pferd.

Intuition und Gefühle zu Anderen werden ihm zugeordnet.
Über das Solar-Plexus-Chakra können alle inneren Organe wie Magen, Leber, Galle, Milz, Zwerchfell und die Bauchspeicheldrüse angesprochen werden. Ebenso kann über dieses Chakra das vegetative Nervensystem behandelt und Stoffwechselstörungen wieder harmonisiert werden.
Zur Auflösung von Blockaden wird das Solar-Plexus-Chakra mit dem Hals-Chakra ausgeglichen.
Zugeordnet werden diesem Chakra die Farben Gelb (bis Goldgelb), die Steine Tigerauge, Bernstein, Edeltopas, Zitrin und die Aromen Lavendel, Kamille, Zitrone, Anis, Grapefruit, Fenchel sowie das Symbol 10-blättriger Lotus.

Das Sakral-Chakra

Das Sakral-Chakra wird auch Svadhistana-Chakra, Sexual-Chakra, Nabel-Chakra oder Hara genannt.

Es befindet sich etwas unterhalb des Nabels vor den Hinterbeinen (bei Pferden an der Steißbein-Darmbein-Verbindung zwischen den Hinterbeinen).

Lebensfreude und Gefühle zu sich selbst werden ihm zugeordnet.

Über das Sakral-Chakra können alle im Bauchraum liegenden Organe wie Nieren, Blase, Därme und die Fortpflanzungs- und Geschlechtsorgane beeinflusst werden. Alles Flüssige wie Blut, Lymphe und Verdauungssäfte spricht auf Behandlung dieses Chakras an. Ebenso kann das Immunsystem stabilisiert werden, und Verdauungsbeschwerden psychischen Ursprungs wie Durchfall, Verstopfung oder Blähungen können darüber behandelt werden.

Zur Auflösung von Blockaden wird das Sakral-Chakra mit dem Stirn-Chakra ausgeglichen.

Zugeordnet werden diesem Chakra die Farbe Orange, die Steine Karneol und Mondstein und die Aromen Ylang-Ylang, Sandelholz, Myrrhe, Bitterorange, Pfeffer, Vanille sowie das Symbol 6-blättriger Lotus.

■ *Sakral-Chakra beim Pferd.*

Wurzel-Chakra

Das Wurzel-Chakra wird auch Muladhara-Chakra oder Basis-Chakra genannt. Zu finden ist es am Schweifansatz am Ende des Kreuzbeines (bei Pferden direkt an der Schweifrübe).

Zugeordnet werden ihm Urvertrauen und Existenz. Es ist als Gegenpol zum Scheitel-Chakra anzusehen.

Probleme am Wirbelsäulenapparat (Rücken, Knochen, Becken, Hinterbeine) oder an den Zähnen können

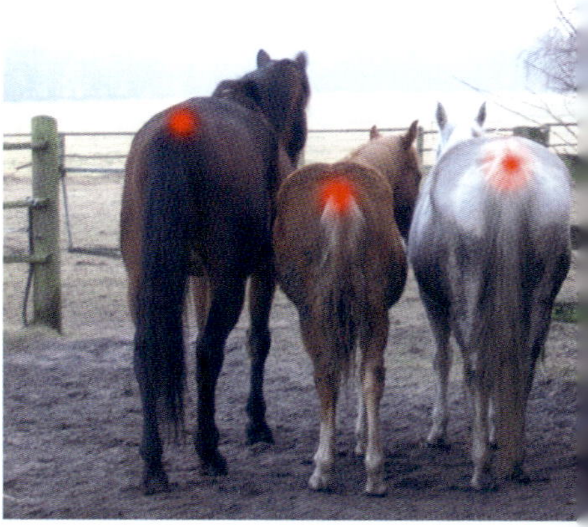

■ *Wurzel-Chakra beim Pferd.*

ebenso über dieses Chakra behandelt werden, wie auch die Geschlechtsorgane, Rektum, Dickdarm, Mastdarm, Enddarm und Prostata.

Gleichgewichtsstörungen, Instinktschwäche und Orientierungslosigkeit sowie Blut- und Zellaufbau können über dieses Chakra positiv beeinflusst werden.

Zur Blockadenauflösung wird das Wurzel-Chakra mit dem Scheitel-Chakra ausgeglichen. Zugeordnet werden diesem Chakra die Farbe Rot, die Steine Achat, Blutjaspis, Granat, Rubin und rote Koralle und die Aromen Nelke, Rosmarin, Ingwer, Vetiver, Zypresse, Zeder sowie das Symbol des vierblättrigen Lotus.

Da auch die Farben, Steine und Aromen in der Behandlung über die Chakren zum Einsatz kommen, wird in späteren Kapiteln des Buches kurz auf jede Therapieform eingegangen.

Energetisches Grundprinzip vieler ganzheitlicher Naturheilverfahren und Placebo

Dank der Homöopathie sind bereits viele Menschen mit dem energetischen Grundprinzip vieler Naturheilverfahren vertraut. Die energetische Schwingung der Homöopathika z.B. stimuliert den Körper mehr Energie zu produzieren und schließlich sich selbst zu heilen.

Nach diesem Wirkungsprinzip funktionieren auch viele andere Naturheilverfahren, die auf Schwingungen und Energie beruhen wie die Farb- und Aromatherapie, die Edelsteintherapie (Lithotherapie) und letztendlich auch das »Heilen durch Berührung«, also Reiki.

In Verbindung mit vielen naturheilkundlichen Behandlungen, gerade im energetischen Bereich, fällt leider immer noch der Begriff Placebo-Effekt. Gerade bei therapeutischen Maßnahmen, die ohne naturwissenschaftlich erwiesenen Wirkungsnachweis trotzdem eine positive Reaktion, also den so genannten Placebo-Effekt, am Patienten bewirken können.

In Zusammenhang mit Tieren kann man jedoch nicht von dem so genannten Placebo-Effekt sprechen, da Tiere unvoreingenommen sind und vorurteilsfrei die entsprechende Wirkung spüren.

Gerade bei Tieren sind die natürlichen Heilmethoden besonders wirksam, weil Tiere nicht ihren »kritischen« Verstand einschalten – im Gegensatz zu uns Menschen – und somit die Therapie ganz unbeeinflusst und ungestört wirken kann.

Wirkung des Reiki

Die Wirkung beim Individuum hängt davon ab, was für eine ganzheitliche Gesundung gerade am Wichtigsten ist. Sie kann sich auf körperlicher, seelischer oder geistiger Ebene entfalten.

So können sich z.B. folgende Erfolge einstellen:

- Tiefenentspannung
- Stressabbau
- Erlangung von innerer Ruhe und Gelassenheit
- Wiederherstellung von Harmonie und Wohlbefinden
- Freierer Fluss von Atem und Lebensenergie
- Lösen von Energie- und Gefühlsblockaden
- Entschlackung von Körper und Seele
- Bessere Versorgung des Körpers mit Lebenskraft (Muskeln, Organe, Zellen)
- Linderung von Schmerzen und akuten oder chronischen Beschwerden
- Entgiftung
- Stärkung des Immunsystems
- Bessere Abwehrkraft bei Infektionen
- Stärkung der Selbstheilungskräfte
- Schnellere Genesung

Wunder kann jedoch niemand versprechen. Es sollte lediglich die Bereitschaft erklärt werden, eine Behandlung vorzunehmen, wenn sie erbeten und gewünscht wird. Auch sollte der Gang zum Arzt niemals ersetzt werden. Jeder Behandler sollte sich seiner

Pferd nach einer Reiki-Behandlung.

Grenzen bewusst sein und sie zu schätzen wissen. Vor allem sollte ein Behandler niemals eine Diagnose stellen. Dann ist Reiki eine Zusatztherapie.

Reiki und Glauben

Nein, man muss nicht an Reiki glauben, damit die Energie fließt. Beim Menschen denkt man oftmals, dass der Glaube Berge versetzt. Aber wie sieht es in der Tierwelt aus?
Reiki wirkt nachweislich nicht nur beim Menschen, sondern auch beim Tier. Einem Tier braucht man nichts zu erklären und ein Tier kann nicht glauben. Ein Tier spürt ganz unvoreingenommen die Wirkung der Energien. Auch muss man nicht an Gott, Allah, Buddha oder Manitu glauben und es wird beim Reiki auch niemand angebetet.
Im östlichen Glauben z. B. gibt es keinen Gott, der auf einer Wolke sitzt und einen Bart hat. Das Göttliche ist

vielmehr überall in der Natur zu finden.

Reiki ist daher auf keine Glaubensrichtung ausgelegt und der Reiki-Empfangende braucht im westlichen Sinne auch nicht zu glauben, um Reiki zu erfahren.

Voraussetzung ist jedoch, dass niemandem Reiki »aufgezwungen« und gegen den Willen des Menschen oder des Tieres gehandelt wird. Wer kein Reiki empfangen möchte, ist dazu noch nicht bereit. Dieses sollte akzeptiert und toleriert werden – beim Menschen wie auch beim Tier.

Wie kann man Reiki lernen?

Jeder kann Reiki lernen. Es bedarf dafür keiner außerordentlichen Fähigkeiten. Reiki wird in verschiedenen Graden (oder auch Stufen) gelehrt. Bereits nach dem ersten Grad, kann man sich und andere Menschen, aber selbstverständlich auch Tiere mit Reiki behandeln.

Während eines Seminars zum ersten Grad lernt der Teilnehmer zwei Formen: Die Eigenbehandlung und die Fremdbehandlung.

Die Reiki-Geschichte wird erläutert, und Fragen werden beantwortet. Je nach Reiki-Meister werden Hintergründe von Krankheit und Heilung erklärt, oder mehr Wert auf Selbsterfahrung gelegt.

Ganz wichtig ist jedoch in jedem Fall, dass Reiki in den Kursen auch praktisch angewandt wird.

Während des 1.-Grad-Seminares erhält der Teilnehmer vier so genannte Einweihungen (Einstimmungen). Die Preise für den Kurs reichen von 70,- bis 250,- Euro.

Ich bin das Land, meine Augen sind der Himmel, meine Glieder die Bäume, ich bin der Fels, die Wassertiefe. Ich bin nicht hier, um die Natur zu beherrschen oder sie auszubeuten. Ich bin selbst Natur.

Squan'na'vai

Mit dem zweiten Grad erhält man die Möglichkeit, auch auf der mentalen Ebene zu arbeiten. Man erfährt eine Verstärkung der Energie. Des Weiteren lernt man Reiki über die Ferne zu geben, was für manch einen sehr unwahrscheinlich klingt, aber funktioniert.

Es werden drei Symbole gelehrt und der Teilnehmer erhält drei Einweihungen (Einstimmungen). Die Preise für den zweiten Grad reichen von 250,- bis 750,- Euro.

Der dritte Reiki-Grad ist der »Reiki-Meister«, manchmal auch »Reiki-Meister/-Lehrer«. Man erhält das Meistersymbol (Lebenssymbol). Die Meisterinitiation kann erfolgen, wenn die Energie des I. und II. Grades verantwortungsbewusst für sich und andere eingesetzt wurde. Die Energie des dritten Grades führt Sie zur Selbstmeisterschaft in voller Selbstverantwortung. Sie eröffnet weitere Möglichkeiten mit der fortgeschrittenen Energiearbeit! Die Ausbildung zum Reiki-Meister ist nicht einheitlich geregelt und wird von Meister zu Meister ziemlich unterschiedlich gehandhabt. Die Preise für die Meister-Aus-

Reiki-Schülerin Manuela Schletz bei der Praxis zum ersten Reiki-Grad.

bildung reichen dementsprechend von 1.000 bis 10.000 Euro.

Wahl des richtigen Lehrers

Für denjenigen, der Reiki erlernen möchte, ist die Wahl des richtigen Lehrers nicht einfach.

Früher gab es nur eine Form von Reiki. In der heutigen Zeit aber ist es wie in vielen anderen Bereichen auch: es gibt zwar einen Ursprung, aber viele unterschiedliche Lehrmeinungen und viele Lehrer.

Ein guter Lehrer sollte nicht nur Seminare abhalten, sondern seine Schüler auch danach noch betreuen und immer für Fragen offen sein, die in der Praxis auftauchen. Meines Erachtens sind kleine oder gar Einzelseminare sinnvoller, weil der Lehrer da auf jeden Schüler besser eingehen kann.

Auch sollte ein Lehrer kein Konkurrenzdenken haben und seinen Schülern etwas vorenthalten. Alles, was er weiß, sollte der Lehrer auch vermitteln. Er sollte auch die Fähigkeit haben, von seinen Schülern zu lernen und sich so selbst weiterzuentwickeln.

Einigen Menschen ist es wichtig, dass ein Lehrer oder Behandler seine Qualifikationen nachweisen kann, andere legen darauf keinen Wert.

Meines Erachtens sagen Diplome oder Urkunden nicht viel über das

Praxisarbeit – Reiki für Tiere.

Können einer Person aus, aber scheuen Sie sich nicht, lassen Sie sich die Urkunden zeigen.

Man sollte zuerst seinen Lehrer kennen lernen. Es ist ratsam, sich selber einer Behandlung zu unterziehen und sich beraten zu lassen. Letztendlich sollte jeder auf das eigene Gefühl hören!

Es gibt die Möglichkeit, einen Behandler oder Lehrer über Mundpropaganda zu finden, was in der Regel sinnvoller ist, als sich jemand Fremden aus dem Branchenbuch oder dem Inter-

net zu suchen. Aber diese Möglichkeit gibt es natürlich auch.
Es gibt auch Behandler, die regelrecht hochmütig sind, wenn es um die Behandlung von Tieren geht. Man hört dann Aussagen, dass Tiere eine niedrigere Schwingungsfrequenz, keinen Willen oder keine Seele hätten.
Ich erachte Tiere als sehr spirituelle Wesen, die uns viel darüber lehren, wie wir uns verhalten können. Diese Lektionen können wir gut auf den Umgang mit anderen Menschen übertragen. In vielerlei Hinsicht wäre unsere Gesellschaft dann wesentlich menschenfreundlicher.

Reiki und Geld

Die universelle Lebensenergie umgibt uns überall. Das, was in uns und um uns ist, können wir nicht käuflich erwerben. Daher bezahlen wir für Reiki an sich kein Geld.
So eine Auffassung würde auch dem Wesen des Reiki widersprechen. Wird jemandem Reiki gegeben, so wird dafür Zeit zur Verfügung gestellt. Eventuell kommt noch hinzu: die zur Verfügungstellung eines Raumes, Fahrtkosten, das Beschaffen notwendigen Zubehörs wie Decken, Musik, Kerzen etc. All diese Vorbereitungen und auch die Zeit stellen einen Aufwand für den Reiki-Gebenden dar. Und genau diese Aufwendungen sollen honoriert werden, da alles ein Geben und ein Nehmen ist und damit nicht nur eine einseitige Aufwendung darstellt. Diese Gegenleistung muss kein Geld sein. Das ist bei Freunden auch sehr unüblich. Es kann sich um eine kleine Aufmerksamkeit, ein Geschenk oder auch ein gutes Gespräch handeln. Man zahlt also nicht für Reiki, sondern für den Zeit- und Energieaufwand. Das gilt auch für die Beziehung zwischen Reiki-Lehrer und Reiki-Schüler. Was mir jedoch wichtig erscheint, ist, dass Reiki für jeden erschwinglich bleiben und nicht nur für einen elitären Kreis gedacht sein sollte. Daher sollte, wenn eine Aufwandsentschädigung genommen wird, der Preis flexibel sein, damit jeder – egal ob Auszubildender, Student, Rentner oder Besserverdienender – von Reiki profitieren kann.
In jedem Fall sollte man immer vorher nachfragen, was für eine Behandlung oder ein Seminar genommen wird, denn teuer muss nicht immer gut sein.

Guter Reiki-Therapeut und Kosten

Für den Laien ist es schwierig, einen guten Reiki-Therapeuten oder gar einen Lehrer zu erkennen. Es ist daher ratsam, auf folgende Aspekte zu achten: Es sollte unbedingt ein persönliches Erstgespräch mit dem Reiki-Behandler erfolgen, das in der Regel auch keine Kosten verursacht.

Der Besitzer (oder Pfleger) des Tieres sollte unbedingt bei den Behandlungen dabei sein. Nur er kennt sein Tier ganz genau. Während der Behandlung sollte er sein Tier gut beobachten, wie es sich verhält. Tritt eine Entspannung ein? Tritt eine vermehrte Durchblutung ein? Baut das Tier Vertrauen zu dem Reiki-Therapeuten auf? Wie geht der Therapeut mit dem Tier um? Geht der Therapeut auf das Tier ein? Weiß der Therapeut viel über die Anatomie und über Krankheiten? Klärt der Reiki-Behandler über eventuelle Risiken und die Erstverschlimmerung auf?

Eines darf man nicht vergessen, Pferde sind Fluchttiere und können beim ersten Kontakt mit Reiki durchaus mit Rückzug auf die Energie reagieren.

Bei Hunden und Katzen kann dieses zwar ebenso der Fall sein, es kann jedoch passieren, das diese genau anders reagieren, nämlich mit Angriff, was in der Natur eines »Aggressionstieres« liegt. Das sagt also noch nichts über die Qualität des Reiki-Therapeuten aus.

Danach sind aber gerade die Pferde in der Regel wahre Genießer. Das Tier zeigt auch ganz genau, wann es genug Reiki bekommen hat. Es wendet sich dann ab.

Anders als bei Hund und Katze kann der Vorgang beim Pferd jedoch erheblich länger dauern.

Letztendlich kann nur der Rat geben werden, auf das eigene Gefühl zu hören, ob man sein Tier dem Reiki-Behandler anvertrauen möchte oder nicht. Eine gute Alternative ist, wie in anderen Bereichen auch, auf Mundpropaganda zu hören.

Teuer heißt nicht immer gut

Die Kosten für eine Reiki-Behandlung variieren sehr. Teuer muss nicht unbedingt immer gut sein. Bei Tierbehandlungen richtet sich der Preis nach der Größe des Tieres und der Dauer der Behandlung, sowie danach, ob noch Anfahrtskosten entstehen.

Verhältnis zur klassischen Medizin, Risiken und Grenzen

Reiki ist eine zusätzliche Therapiemethode und gut mit medizinischen und anderen Therapien zu kombinieren, da sie harmonisierend und unterstützend wirkt. Gute Erfolge lassen sich auch bei psychischen oder psychosomatischen Erkrankungen – Verhaltensauffälligkeiten der Tiere – erzielen.

Keinesfalls ersetzt Reiki jedoch einen Tierarzt oder einen Heilpraktiker. Eine Zusammenarbeit mit Arzt oder

Heilpraktiker und auch mit anderen Therapiemethoden ist daher nur anzuraten und erstrebenswert.

Ein gutes Beispiel ist eine Schnittwunde oder ein Knochenbruch. Hier kann Reiki die Wunde oder den Bruch nicht heilen. Man benötigt also zwingend einen Tierarzt. Aber zusätzlich zur tierärztlichen Behandlung kann Reiki durchaus erfolgreich eingesetzt werden.

Auch bei Krebs-Erkrankungen können keine Wunder bewirkt werden. Reiki kann lediglich die Schmerzen lindern, das Immunsystem stärken und neuen Lebensmut geben. Niemals sollte eine schulmedizinische Therapie abgebrochen oder gar ersetzt werden.

Der Reiki-Behandler ist keinesfalls ein Heiler, der übersinnliche Kräfte hat. Er sollte wie bereits gesagt stets seine Grenzen kennen und schätzen und niemals eine Diagnose stellen.

Das Stellen von Diagnosen ist dem Tierarzt oder Heilpraktiker vorbehalten.

Auch die Risiken des Reiki sollten einmal erwähnt werden, da man fast ausschließlich liest, dass Reiki keinen Schaden anrichten kann.

Das ist in gewissem Sinne auch richtig, aber Reiki ist nur dann gut, wenn der Reiki-Behandler seiner Verantwortung bewusst ist und Sachkenntnisse über Anatomie und Krankheiten der zu behandelnden Tierart hat.

Wenn man bedenkt, dass Reiki die Durchblutung fördert und den Körper zur Entgiftung anregt, und sich dann vorstellt, was genau während einer Operation passiert, so kann Reiki während der Operation unter Umständen schon Schaden anrichten.

Reiki stärkt und aktiviert die Selbstheilungskräfte, so dass sich unter Umständen Organdisfunktionen wieder ausgleichen können. Wenn der Patient aber nun ein Medikament nimmt, so kann die Dosierung durchaus angepasst werden müssen. Beispiel hierfür sind Patienten, die Medikamente zur Unterstützung der Bauchspeicheldrüse oder der Schilddrüse nehmen.

Es werden auch psychische Blockaden gelöst und es kann zu einer Erstverschlimmerung kommen. Es muss also damit gerechnet werden, dass vorhandene Aggressionen oder Depressionen vorübergehend verstärkt werden. Hier muss im Veterinärbereich zwingend begleitend mit einer ganzheitlichen Verhaltentherapie gearbeitet werden.

Brüche und Wunden sollten immer erst nach sorgfältiger und korrekter Versorgung behandelt werden.

Die Reiki-Energie sollte niemals direkt auf eine Wunde gegeben werden, sondern immer seitlich davon, damit die Heilung von innen heraus angeregt wird und sich die Wunde nicht nur schnell oberflächlich schließt.

Zu bedenken ist auch, dass Reiki eine Erstverschlimmerung auslöst, was bedeutet: Wenn die Reiki-Energie auf einen Schmerzpunkt gegeben wird, so verstärkt sich dieser Schmerz kurzzeitig. Pferde spüren dies unvoreingenommen und lassen dann oft eine Behandlung an dieser Stelle nicht zu oder reagieren mit Treten oder Beißen.

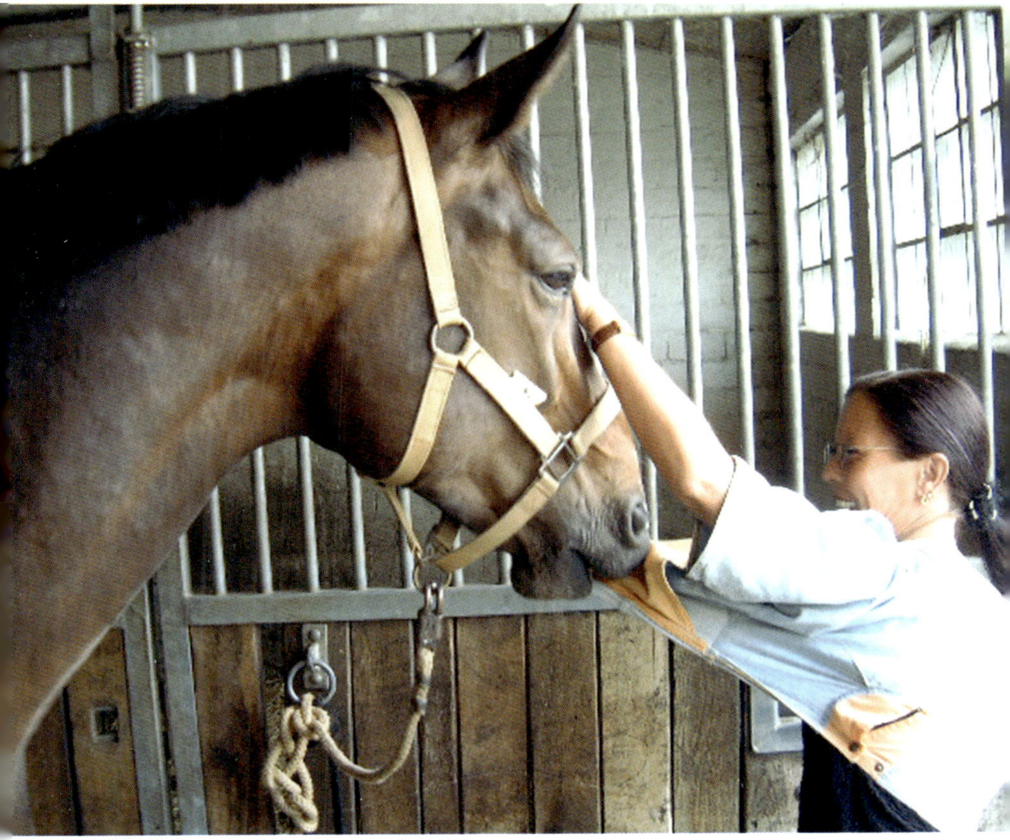

■ *Jetzt ist's aber genug mit Reiki ...!*

REIKI BEI TIEREN

Reiki-Behandlung einer Haflingerstute mit Kolikneigung.

In den Tierheimen und Pflegestellen ist Reiki leider ebenfalls noch unzureichend bekannt. Hier wird zwar ab und an schon die Tellington-Touch-Methode angewendet, aber Reiki leider noch viel zu selten. Immer mehr Tierheime greifen nun aber auf die Hilfe von ehrenamtlich arbeitenden Reiki-Therapeuten zurück. Grundsätzlich kann jedes Tier mit Reiki behandelt werden, vorausgesetzt, es will es auch. Man sollte es auf gar keinen Fall zwingen. Jeder Tierbesitzer kann Reiki erlernen und seinem Tier selbst geben.

Reiki kann Folgendes bewirken:

- Linderung von Schmerzen bei akuten oder chronischen Beschwerden
- Entgiftung
- bessere Versorgung des Körpers mit Lebenskraft (Muskeln, Organe, Zellen)
- Stärkung des Immunsystems
- Stärkung der Selbstheilungskräfte und schnellere Genesung
- innere Ruhe und Gelassenheit
- Wiederherstellung von Harmonie und Wohlbefinden
- freierer Fluss von Atem und Lebensenergie
- Lösen von Energie- und Gefühlsblockaden.

Hier wurde bewusst geschrieben Reiki **KANN** bewirken – nicht muss oder wird bewirken. Das heißt: Ein absolut ausgeglichener und gesunder Organismus braucht kein Reiki und wird es auch nicht annehmen. Leider ist das bei Mensch und Tier in unserer Gesellschaft äußerst selten der Fall, denn beide sind täglichem Stress ausgesetzt, so dass meisten eine Entspannung eintritt.

Gute Erfolge lassen daher auch bei psychischen oder psychosomatischen Krankheiten (Verhaltensauffälligkeiten) erzielen.

Die Reiki-Behandlung eines Tieres unterscheidet sich dadurch von der eines Menschen, dass die Tiere uns nicht sagen können, wo sie Schmerzen empfinden, oder wovor sie warum Angst haben.

Die Erfahrung zeigt jedoch, dass sich die Tiere, nachdem sie die Reiki-Energie kennen gelernt haben, »unter den Händen« genau dorthin drehen, wo die Energie benötigt wird. Genauso deutlich geben sie zu verstehen, wenn sie genug haben. Sie stehen dann einfach auf und drehen sich weg. In diesem Moment sollte die Reiki-Behandlung beendet sein und dem Tier nicht mehr »aufgenötigt« werden.

Grundsätzlich erfordert die Arbeit mit einem Tier aber mehr »intuitive« Erfahrung als die Arbeit mit dem Menschen.

Es gibt mehrere Möglichkeiten, wo die Reiki-Behandlung stattfinden kann: in der gewohnten Umgebung, bei der Reiki gebenden Person zu Hause oder aber auch in der Praxis des Tierarztes. Sicherlich bedeutet es für viele Tiere Stress, den Tierarzt aufzusuchen. Es kann aber auch eine sehr positive Erfahrung für das Tier sein, in die Praxis zu kommen und dort etwas sehr Angenehmes zu erfahren – wohltuendes Reiki. So kann z. B. die Angst vor dem Tierarztbesuch auf Dauer abgebaut werden. Dies gilt natürlich nicht so sehr für Pferde, aber auch hier ist der Weg in eine Klinik leider oft unerlässlich und auch dort kann eine Reiki-Behandlung stattfinden.

Reiki kann auch hervorragend mit anderen Therapiemethoden kombiniert werden, so wird die Wirkung der Akupunktur noch verstärkt, wenn Reiki-Energie direkt auf die gesetzten Nadeln gegeben wird. Auch über die Chakren kann gut mit Reiki gearbeitet werden und ebenso über die Akupressurpunkte.

Das Pferd, ein Fluchttier.

Bevor man sich jedoch entscheidet, fremde Tiere zu behandeln, sollte man sich jeweils mit dem natürlichen Verhalten, der Psyche und der Anatomie des Tieres vertraut machen. Denn Hund ist nicht gleich Katze oder gar Pferd.

Der Hund ist zum Beispiel ein Raubtier, das Pferd ein Beutetier. Daher sind Lauterepertoire und Körpersprache sehr verschieden. Daraus folgt, dass es Unterschiede in der Behandlungsdauer und Behandlungsart der einzelnen Tiergattungen gibt.

Reiki für Pferde

Das Fluchttier Pferd reagiert zuerst meist mit Rückzug oder Flucht auf die Reiki-Energie. Danach genießen die Pferde die Behandlung. Gerade bei der ersten Sitzung sollte man ihnen diese Rückzugsmöglichkeit in jedem Fall lassen, damit es nicht zu unerwünschten Reaktionen – wie z.B. Wehrverhalten – kommen kann. Ratsam ist für den noch Ungeübten in jedem Fall eine Behandlung außerhalb der Box. Man sollte sich auch nicht entmutigen lassen, wenn man ein paar »Anläufe« für eine Reiki-Behandlung braucht, denn letztendlich siegt die Neugier der Pferde doch.

Pferdebehandlung mit Reiki

Wenn Sie eingestimmt sind, also mindestens den ersten Reiki-Grad besitzen, und Ihr eigenes Pferd behandeln, so kennen Sie die Problemstellen und das Verhalten Ihres Tieres sicherlich im Detail und können nach einem kurzen Abfühlen des Körpers mit der Behandlung beginnen.

Abfragen

Sollten Sie ein fremdes Pferd zum ersten Mal behandeln, so benötigen Sie zuerst wichtige grundlegende Informationen über Alter, Rasse und Eigenarten des Pferdes wie auch einen Überblick über die Beschwerden und Probleme des Tieres. Auch über die Therapiemaßnahmen sollten Sie sich erkundigen.

Abfühlen

Als Erstes sollten Sie das Pferd am ganzen Körper abfühlen, bevor Sie mit der eigentlichen Behandlung beginnen. Hierbei geben Sie dem Pferd nicht nur die Möglichkeit, Sie kennen zu lernen und Vertrauen zu Ihnen aufzubauen, sondern Sie können auch Bereiche aufspüren, an denen das Pferd besonders viel Energie benötigt. Bitte achten Sie dabei auch immer ganz genau auf die Reaktionen des Pferdes, denn es wird Ihnen anzeigen, wo seine Schwachstellen liegen. Achten Sie also ganz genau auf die Körpersprache des Pferdes, die Ihnen einigen Aufschluss geben wird.

Da Ihre Hände durch die Energiearbeit sensibilisiert wurden, können Sie durch das bloße Abfühlen Bereiche aufspüren, die sich anders anfühlen. Halten Sie Ihre Hände ein paar Zentimeter über das Fell des Pferdes in das Energiefeld. Führen Sie sie langsam von Kopf bis Schweif am Körper entlang und dann vom Rücken bis zu den Hufen. Bleiben Sie entspannt und achten Sie darauf, wie sich das Gefühl in den Händen verändert.

Auf Signale achten und Vorsicht walten lassen

Wenn Sie ein Pferd zum ersten Mal mit Reiki behandeln und das Pferd noch dazu das erste Mal mit der Reiki-Energie konfrontiert wird, können Sie nicht abschätzen, was passieren wird. Das ist keine schlechte Ausgangslage, denn jede Reaktion des Pferdes auf den Energiefluss ist ein unverfälschtes Signal darauf und gibt Auskunft über seine Blockaden und Schwachstellen. Gerade aber bei der Erstbehandlung kann das Fluchttier Pferd mit eben diesem Fluchtinstinkt auch reagieren. Geben Sie ihm also den Freiraum, den es benötigt.

Sehr ratsam ist es, dass der Besitzer (oder Pfleger) bei der Erstbehandlung zugegen ist. Zum einen, damit das Pferd sich sicher fühlt und zum anderen natürlich, damit der Besitzer die direkte Reaktion seines Tieres auf die Reiki-Energie sieht. Denn gerade beim Pferd sind Reaktionen wie vermehrte Durchblutung, Muskelentspannung, Einsatz der Darmtätigkeit und Tiefenentspannung außerordentlich gut sicht- und hörbar.

Achten Sie darauf, dass das Pferd einen ruhigen Rahmen für die Behandlung bekommt: Also nicht gerade zu Hochbetriebszeiten in der Stallgasse oder gar zu Fütterungszeiten behandeln.

Auch sollten Sie sich niemals zwischen Pferd und Box oder Wand stellen, da es bei Reflexbewegungen des Pferdes

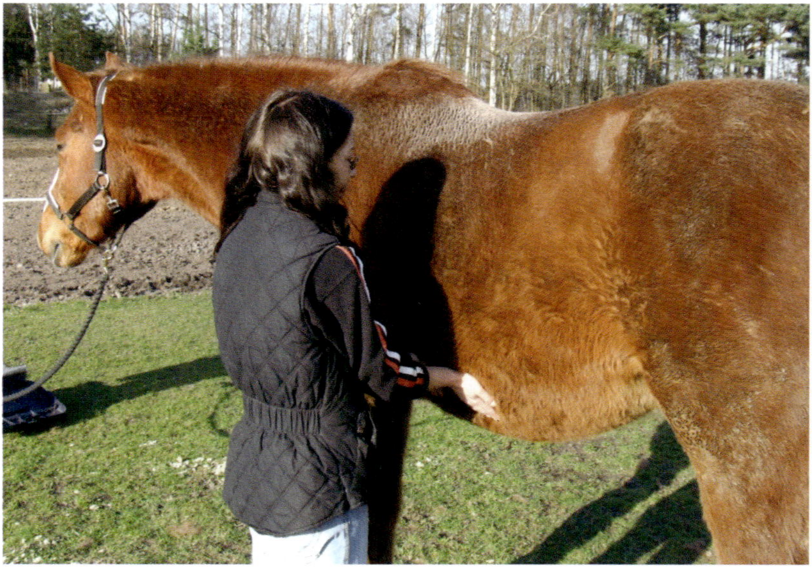

Reiki-Behandlung eines Pferdes mit Hautproblemen auf der Wiese.

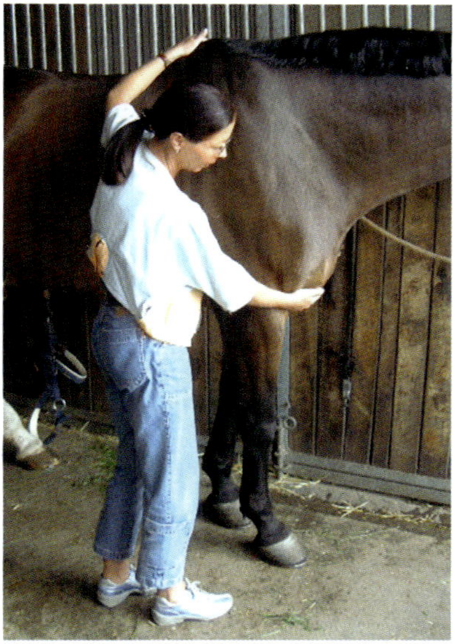

Reiki-Behandlung eines Pferdes in der Stallgasse.

zu (vermeidbaren) Unfällen kommen kann.

Gerade bei der Erstbehandlung sollte vermieden werden, das Stirn-Chakra zu behandeln, vor allem, wenn man direkt vor dem Pferd steht, da wir uns im »toten Winkel« des Pferdes befinden und das Pferd dadurch verunsichert wird. Auch sollte nach Möglichkeit nicht sofort mit dem Kopfbereich angefangen werden, da viele Pferde etwas kopfscheu sind und sich zuerst an den Energiefluss gewöhnen müssen.

Wenn es geht, sollte immer eine Hand auf dem Pferdekörper aufliegen, damit der Energiefluss nicht abreißt.

Ethische Grundsätze

Geben Sie niemals ein Heilungsversprechen und holen Sie immer die Erlaubnis ein, eine Behandlung vorzunehmen. Bitten Sie jeweils das Pferd mental um diese Erlaubnis, auch wenn der Besitzer Ihnen diese schon erteilt hat. Sollte das Pferd keine Behandlung zulassen wollen, so respektieren Sie dieses und zwingen Sie ihm keine Behandlung auf. Denken Sie bitte daran, dass jedes Lebewesen das Recht hat, die von Ihnen angebotene Energiearbeit abzulehnen.

Behandlungsablauf

Die Behandlung eines Pferdes ist besonders angenehm, da Sie direkte Reaktionen auf den Energiefluss bekommen. Ein Pferd spürt im Gegensatz zum Menschen die Energie unvoreingenommen und reagiert sehr schnell darauf. Ein Pferd kann sich nicht einreden, dass es nichts fühlt.

Die meisten Pferde allerdings reagieren auf den Energiefluss mit Entspannung. Für eine komplette Behandlung ist ein Behandlungsablauf zwar nicht zwingend notwendig, aber doch sehr hilfreich. Bitte vergessen Sie niemals einen ordentlichen Chakrenausgleich, denn der Energiefluss soll nach dem Zuführen von Energie durch die Handpositionen auch wieder hergestellt werden.

Achtung

Während der Behandlung konzentrieren Sie sich wahrscheinlich wie gewohnt auf Ihre Hände und den Energiefluss. Sie sollten aber niemals das Pferd dabei außer Acht lassen, denn ein plötzliches Kopfschlagen, Aufstampfen oder Schweifschlagen hat bei einigen Behandlern schon zu unangenehmen Verletzungen geführt. Achten Sie also auch bitte immer darauf, wo Sie Ihre Füße stehen haben.

In der Praxis hat sich folgender Behandlungsablauf bewährt

Beginnen können Sie mit der Behandlung, indem Sie dem Pferd zuerst einmal eine Hand an die Schulter legen, denn hier befindet man sich an einer sicheren Stelle. Sie können sich auf den Energiefluss konzentrieren und das Pferd kann sich erst einmal an den Energiefluss gewöhnen und entspannen.

Lassen Sie sich und dem Pferd genügend Zeit. Sie können jeweils die Hände direkt auflegen oder auch ein bis zwei Zentimeter über den Körper halten. Machen Sie es so, wie Sie es als angenehmer empfinden. Sie können nun Ihrer Intuition folgen und dem Pferd auf die Bereiche Reiki geben, die sie beim Abtasten gespürt haben und anschließend mit einem Chakren-Ausgleich enden, oder sich für eine Ganzbehandlung entschließen. Wie Sie sich auch entscheiden, achten Sie immer auf die Signale, die Ihnen das Pferd durch seine Körpersprache aussendet.

Bei einer Ganzbehandlung lege ich zuerst die rechte Hand auf das Herz-Chakra, die linke halte ich im Schulterbereich. Dann gehe ich weiter die Wirbelsäule entlang zum Solar-Plexus, wobei die linke Hand weiter am Bauch entlanggleitet. Bitte achten Sie darauf, dass Sie nicht unter den Bauch kommen, da viele Pferde hier kitzelig sind und sich nicht gerne anfassen lassen.

In der nächsten Position behandle ich das Sakral-Chakra und danach das Wurzel-Chakra, wobei die linke Hand immer unten am Pferd weitergeführt wird.

Danach gehe ich am linken Hinterbein hinunter bis zum Huf. Anschließend mache ich auf der anderen Seite des Pferdes mit dem rechten Hinterbein weiter, gehe über den Rücken, bis ich wieder am Herz-Chakra bin. Dann behandle ich das rechte Vorderbein. Danach taste ich mich wieder hoch an das Kehl- und das Kronen-Chakra heran.

Nun gehe ich wieder an die linke Seite des Pferdes und behandle das Stirn-Chakra. Ich stehe dabei nicht direkt vor dem Pferd, sondern seitlich. Dann gehe ich am Hals des Pferdes hinunter und schließe mit dem linken Vorderbein ab. Rechnen Sie für solch eine Ganzbehandlung gut zwischen einer bis zwei Stunden Zeit ein.

Ist das Pferd erst einmal an die Energie gewöhnt, dann hat es besonders gerne, wenn die Hände zwischen die Ohren auf das Stirn-Chakra oder auf den Hals gelegt werden. Meistens senkt das Pferd von ganz alleine den Kopf, so dass man auch mühelos diese Positionen erreichen kann.

Sicherlich ist es von Vorteil, wenn eine Hand hinter die Ohren und die zweite an den Schweifansatz gelegt wird (zum Chakren-Ausgleich, wie Sie es vielleicht gelernt haben). Das ist aber nicht ganz einfach, wird allerdings oftmals angeraten.

In der **Praxis** hat es sich bewährt, mit einer Hand die Positionen der Chakren abzudecken und die andere am Körper entlangzuführen. Es ist ratsam, eine Hand immer am Körper zu belassen, so dass die Energie niemals unterbrochen wird.

Jede andere Körperregion kann ebenso mit Reiki versorgt werden, so z.B. die Fesseln oder die Bauchgegend. **Achtung: Hier kann es zu Abwehrreaktionen kommen!**

Das Pferd zeigt ganz genau, wann es genug Reiki bekommen hat und wendet sich dann ab. Anders als bei Hund und Katze kann der Vorgang jedoch erheblich länger dauern. Wie schon gesagt, Pferde sind wahre Genießer.

Reaktionen während und nach der Behandlung

Die Reaktionen eines Pferdes auf seine erste Reiki-Behandlung sind recht unterschiedlich und reichen von Flucht über Skepsis bis hin zum »sofort genießen«. Manche Pferde entspannen sehr schnell, andere brauchen etwas länger.

Zuerst entspannt sich die Muskulatur des Pferdes, was wir als »Muskelzucken« wahrnehmen können. Dann setzt oft eine stärkere Durchblutung ein, die Adern des Pferdes treten heraus und manche fangen leicht zu schwitzen an. Sie sehen aus, als ob gerade mit ihnen gearbeitet wurde.

Das Maul des Pferdes entspannt sich und viele Tiere fangen zu kauen an

Reiki-Behandlung vor der Bodenarbeit zum Stressabbau des Pferdes.

Dass sich das Pferd nach einer Reiki-Behandlung hinlegt, kommt nicht selten vor.

Gähnen ...

oder lassen ihre Unterlippe hängen. Das Pferd atmet tiefer und die Darmtätigkeit wird angeregt, so dass oft laute Darmgeräusche zu hören sind. Häufig senkt es seinen Kopf, winkelt ein Bein zur Entlastung an und schließt seine Augen. Die Ohren hängen entspannt, die Muscheln Richtung Boden gerichtet.

In der Praxis ist es auch schon vorgekommen, dass ein Pferd sich während einer Reiki-Behandlung hinlegen wollte. Aus diesem Grund sollte man ein Pferd niemals anbinden, während es die Reiki-Energie genießen darf.

Nach der Behandlung wird oft ein Gähnen, Flehmen und Strecken beobachtet, oftmals schütteln oder wälzen sich die Pferde auch. Wenn sich die Verspannungen lösen, kann es regelrecht im Rücken oder Hals des Pferdes »krachen«.

Viele Pferde (wie die Tiere allgemein) verspüren nach einer Reiki-Behandlung auch Hunger oder Durst, fangen an zu urinieren oder zu äppeln.

Schütteln nach Reiki-Behandlung.

Verhaltensprobleme bei Pferden

Reiki ersetzt keinen Tierarzt oder Heilpraktiker, kann aber hervorragend als Zusatztherapie vor allem in der ganzheitlichen Verhaltenstherapie angewendet werden. Reiki ersetzt weder Boden- noch Dominanzarbeit oder die Erziehung eines Pferdes. Reiki wird aber als wichtige Komponente in der ganzheitlichen Verhaltenstherapie (neben den Bachblüten-, der Farb- und Aromatherapie, der Lithotherapie und auch der klassischen Homöopathie) eingesetzt.

Reiki kann unterstützend eingesetzt werden beim:

- Verladen auf den Hänger
- ersten Satteln
- ersten Aufsteigen
- Einreiten
- ersten Beschlagen
- Gewöhnen an neue Umgebung

zur Entspannung und Beruhigung

- nach Stallwechsel
- bei mangelndem Vertrauen
- vor, nach und während der Teilnahme an Wettbewerben
- bei schreckhaften Pferden

Hunger nach Reiki-Behandlung.

- bei Nervosität
- bei Spannung und Schwierigkeiten beim Reiten
- im allgemeinen Umgang
- während einer Trennung
- bei Schock, Verletzung, Unfall und nach dem Abfohlen

bei Verhaltensproblemen wie:
- Aggressionen
- Beißen
- Kopfschlagen
- Zappeln
- Ausschlagen
- Durchgehen
- Angst vor bestimmten Dingen – z.B. Hunden, dem Sattel, einer Decke, dem Straßenverkehr, Sprüngen, Geräuschen usw.

Da Pferd und Reiter eine enge Beziehung zueinander haben und sich gegenseitig oft stark beeinflussen, werden viele Beschwerden beim Pferd leider auch durch den Reiter verursacht. Beispielsweise wird starke Nervosität des Reiters auf das

Reiki-Behandlung von Pferd und Reiter.

Pferd übertragen. Daher ist es oft sinnvoll, dass in dieser Symbiose sowohl das Pferd als auch sein Reiter ganzheitlich behandelt werden.

Wie bereits erwähnt, ist Reiki gerade bei Verhaltensauffälligkeiten eine nützliche Therapiemethode im Bereich der ganzheitlichen Tierverhaltenstherapie. Nur mit Reiki alleine wird man die Probleme oder Problemchen mit seinem Pferd nicht aus der Welt schaffen können. Daher möchte ich an dieser Stelle einen kleinen Einblick in die ganzheitliche Verhaltenstherapie geben.

Vertrauensaufbau durch Reiki.

GANZHEITLICHE VERHALTENSTHERAPIE

Wünschenswerte Mensch-Pferd-Beziehung.

Die Ganzheitliche Verhaltenstherapie

Ein Begriff der zugegebenermaßen im ersten Moment sehr eindrucksvoll und zugleich eventuell abschreckend klingen mag – denn was verbindet man mitunter nicht alles mit dem Wort Therapie? Mancher sieht vor seinem geistigen Auge gar direkt den Patienten auf der Couch und belächelt dies insgeheim, wenn er es mit einem Tier in Verbindung bringen soll, oder man sieht gleich den vermeintlich pelzigen Rüpel, der ein harter und hoffnungsloser Fall für sich ist – den ganzen weiten Anwendungsbereich dazwischen sehen die wenigsten.

Die GVT ist somit nicht nur empfehlenswert, wenn sich Fehlverhalten und Probleme bereits eingeschlichen haben, sondern auch in dem Fall, wenn einTier neu zu seinem Halter kommt oder ein Tier nach einem Todesfall nicht mehr wiederzuerkennen ist, zu sehr unter dem Verlust leidet oder aber auch schmerzbedingte Verhaltensauffälligkeiten zeigt.

Bei der GVT nach Rynio und Vock trägt die Naturheilkunde somit individuell eingesetzt in Form von Reiki, Homöopathie, TCM, Lithotherapie, Farbtherapie, Aromatherapie und Bachblütentherapie zu einem langfristigen Gelingen bei. Dieses vermag ein herkömmlicher Verhaltenstrainer oder -therapeut in der Regel weder anzuwenden noch einzuschätzen, daher haben speziell aus- bzw. weitergebildete Tierheilpraktiker im Bereich der GVT einen unschätzbaren Vorteil, wenn es gilt, langfristig effektiv und ganzheitlich mit Mensch und Tier zu arbeiten. Bloße Psychologie ohne tiefgreifende Kenntnisse der Naturheilkunde sind für eine ganzheitliche Verhaltenstherapie keinesfalls ausreichend!

Bei der Ganzheitlichen Verhaltenstherapie nach Rynio und Vock, kurz GVT genannt, geht es um das Verhalten von Tier und Mensch beidermaßen, keiner wird vom anderen separiert gesehen.

Ziel ist die Erarbeitung des individuellen möglichen Optimums für die jeweilige Familie und ihren vierbeinigen Begleiter. Mit dem Wort Therapie verbindet man normalerweise einen langen und kontinuierlichen Zeitraum, die Arbeit der GVT greift in der Regel jedoch aufgrund des anderen Sichtansatzes im Vergleich zu anderen Methoden wesentlich schneller.

Ein grundliegender Bestandteil der GVT nach Rynio und Vock ist die Betrachtungsweise von Mensch/Familie und Tier als individueller Einheit, vor allem auch unter Berücksichtigung von Faktoren wie Krankheitsübereinstimmungen von Mensch und Tier sowie von psychosomatischen Erkrankungen bei Tieren, die sich durch die andauernde Belastung eines Familienmitglieds oder anderer Haltungsfaktoren ergeben kann.

Allein die Tatsache, dass wir diese wichtigen Faktoren aus langjähriger Erfahrung, Beobachtung und Weiterbildung überhaupt als auslösende Ursachen in Betracht ziehen und somit für möglich halten, wo andere Therapeuten oder Trainer höchstens noch müde lächeln, birgt ungeahnte Möglichkeiten, Tier und Mensch nachhaltig und dauerhaft zu helfen – das zeigen die Erfahrungen unserer Arbeit.

Die Behandlungsmethode für Tiere unterscheidet sich nicht von der für Menschen. Tiere sind jedoch vollkommen unvoreingenommen und spüren daher vorurteilsfrei die reine Energie. Leider ist Reiki für Tiere nur unzureichend bekannt, denn viele Reiki-Meister widmen sich noch immer vorwiegend den Menschen. Ebenso sind bislang nur wenige Tierärzte oder Heilpraktiker mit der Methodik vertraut.

Cartoon von hechtsprung illustrations and sounds, Michael Hecht

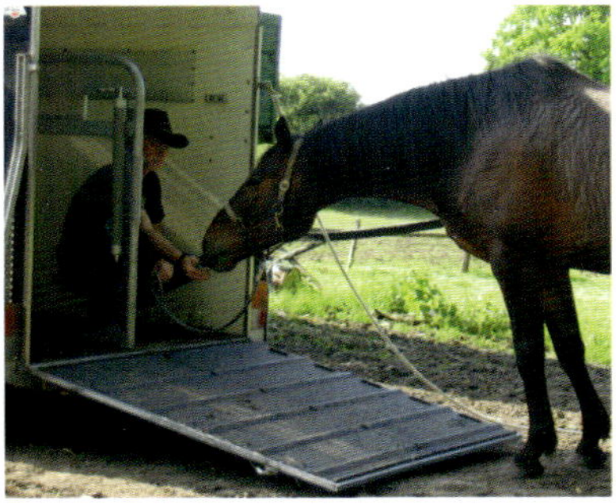

Hängertraining.

Wann ist eine spezielle Verhaltenstherapie für unsere Pferde überhaupt sinnvoll oder gar erforderlich? Ist das Pferd nur ab und zu »widersetzlich«, so sind diese kleinen Probleme mit konsequenter Erziehung auch ohne fremde Hilfe lösbar.

Kommt es aber zu ernsteren Störungen der Mensch-Pferd-Beziehung, die das Zusammenarbeiten von Mensch und Pferd dauerhaft belasten, so sind Tierverhaltenstherapeuten die kompetenten Ansprechpartner, die Ihnen helfen, das Problem zu lösen.

Was ist unter einer »Verhaltensstörung« zu verstehen?

Stört sich der Halter am Verhalten seines Tieres oder ist das Pferd durch das Verhalten des Halters gestört? Oder aber stören sie sich beide vielleicht gegenseitig?

Das Dasein unserer Pferde hat heutzutage oft nicht mehr viel mit der ursprünglichen Lebensweise ihrer wildlebenden Vorfahren gemein.

Ihr Verhaltensrepertoire hat sich dieser Veränderung der Lebensumstände aber nicht im gleichen Maße angepasst. Das Pferd lebt und handelt nach seinen ursprünglichen Instinkten und Verhaltensmustern.

So ist es ein durchaus normales Verhalten für ein Pferd, bei fremden Geräuschen erst einmal zu flüchten.

Angstreaktionen und Dominanzverhalten führen häufig zu Problemen, die mit dem gesunden Menschenverstand der Besitzer allein oft nicht mehr gelöst werden können, da es an der Kenntnis des natürlichen Verhaltens sowie der Körper- und Lautsprache mangelt. Mensch und Pferd »verstehen« die Sprache des anderen also gar nicht.

In diesen Fällen sollte mit Hilfe von entsprechend sachkundigen Tierheilpraktikern oder Tierverhaltenstherapeuten durch eine geeignete Therapie am Problem gearbeitet werden. Ein sowohl mit den Naturheilverfahren als auch mit der Tierverhaltenstherapie vertrauter Tiertherapeut kann je nach Problem entscheiden, ob es durch eine Veränderung der Haltungsbedingungen, ein verändertes Verhalten des Halters oder eine Ernährungsumstellung gelöst werden kann. Es kann aber auch ratsam sein, das Pferd selbst einer naturheilkundlichen Therapie zu unterziehen, da es unter Umständen übertrieben oder ungenügend auf »normale« Bedingungen und Umweltreize reagiert. Dies kann sowohl an organischen Erkrankungen als auch an Verspannungen, Zahnproblemen usw. liegen.

Hier heißt es, die Ursache herauszufinden, wobei Tierarzt, Tierheilpraktiker und Tierverhaltenstherapeut Hand in Hand zum Wohle des Tieres zusammenarbeiten sollten.

In den meisten Fällen wird eine Kombination aus Haltungsänderung, Verhaltenstraining und ganzheitlicher Therapie empfohlen.

Bei Problemen wie Angst, Eifersucht oder dominantem Verhalten ermöglichen die ganzheitlichen Therapieformen Homöopathie, Bachblütentherapie, Reiki, Lithotherapie, Farbtherapie und Aromatherapie eine sichere,

Bodenarbeit während der Rekonvaleszens in Kombination mit anderen Therapien der Naturheilkunde und der Schulmedizin.

sanfte und dauerhafte Veränderung des Tieres innerhalb seiner individuellen Grenzen.
Dabei wird sich jedoch der Grundcharakter des Tiers nicht verändern. Aus einem heißblütigen Araber wird sicher kein kaltblütiges Shirehorse, aber die Pferde werden in die Lage versetzt, innerhalb der ihnen angeborenen individuellen Grenzen adäquat und vor allem stressfrei auf bestimmte Reize zu reagieren. Überschießende Reaktionen werden keinesfalls unterdrückt, sondern lediglich reguliert und das Pferd somit entlastet.
Charakteristisch für die Verhaltenstherapie ist die Konzentration auf gegenwärtige statt auf vergangene Handlungsdeterminanten. Somit liegt der Schwerpunkt auf beobachtbarem Verhalten und dessen Veränderung.

Verhalten des Pferdes

Das heute arttypische Verhalten des Pferdes ist das Ergebnis der Evolution, die nunmehr über Millionen Jahre andauert. Hierbei hat das Pferd sich seiner Umwelt angepasst, denn das Verhalten als Fluchttier musste Überleben, Wohlbefinden und Fortpflanzung sichern. Ein zielgerichtetes Verhalten wird beim Pferd durch bestimmte

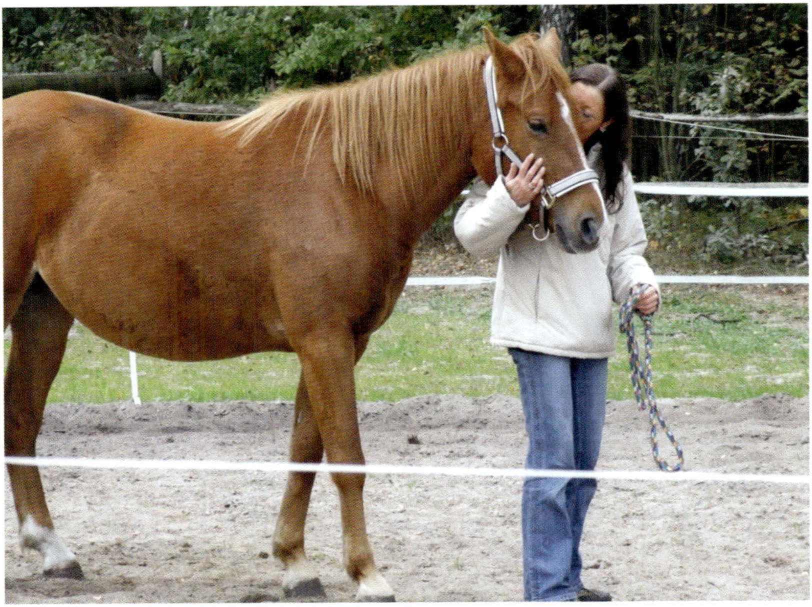

Bodenarbeit mit einem jungem Pferd, das aus dem Tierschutz kommt.

Reize ausgelöst. Sobald die Ziele erreicht sind, wird dieses Verhalten beendet.

Unter natürlichen Lebensbedingungen werden also die angestrebten Funktionen durch ein zielgerichtetes Verhalten erfüllt, bei der Haltung der Pferde in der heutigen Zeit jedoch wird oftmals eine Funktion erfüllt, ohne dass ein Verhaltensziel erreicht ist.

Beispiel

Das Pferd erhält seine Nährstoffe heute hauptsählich durch Kraftfutter. Dieses Futter erfüllt aber keineswegs die Grundbedürfnisse des Pferdes. In freier Wildbahn würde das Pferd sich langsam fortbewegen und dabei ständig Nahrung aufnehmen.

Das Pferd ist ein Fluchttier, das von seinem Angsttrieb geleitet wird. Die Herde bietet ihm den nötigen Schutz, daraus resultiert sein ausgeprägter Herdentrieb.

In einer Herde herrschen klar abgesteckte Rangordnungen, wodurch die Gemeinschaft erst existieren kann. Das stärkste Pferd der Herde führt die anderen konsequent, gradlinig und schützt sie vor lauernden Gefahren. Das ranghöchste ist oftmals nicht das körperlich stärkste Tier, sondern das mit der größten Willenskraft und dem stärksten Durchsetzungsvermögen.

Oftmals wird das Angstverhalten eines Pferdes als Ungehorsam gedeutet und vom Reiter völlig falsch gehandelt.

Offenstallhaltung

Das Pferd – ein Herdentier.

Hierzu ein Beispiel

Weigert sich ein Pferd beispielsweise, einen angsterregenden Mähdrescher zu passieren, ist Angst der auslösende Faktor. Wehrt es sich jedoch, an seinem Stall vorbeizugehen (hier ist alles wie sonst auch), ist dies wahrscheinlich als Ungehorsam des Pferdes zu deuten. Obwohl die Reaktionen des Pferdes in beiden Fällen gleich sind, muss der Reiter unterschiedlich an das Problem rangehen. Im ersten Fall ist es angebracht, das Pferd zu beruhigen, um ihm die Angst zu nehmen. Im zweiten Fall heißt es für den Reiter, sich durchzusetzen.

Das Fluchttier

Fluchttiere sind »Vegetarier« und besitzen keine Waffen zum Töten anderer Lebewesen. Eine Art »Defensiv-Waffe« sind die schnellen Beine, mit denen blitzartig die Flucht vor Aggressionstieren und somit ein Überleben möglich ist. Das Verhalten eines Fluchttieres wird also von Angst geprägt. Einen Aggressionstrieb haben diese Tiere nicht.

Fluchttier Pferd

Steigendes Pferd

Das Wehrverhalten

Das Wehrverhalten wird häufig zu Unrecht als Aggressionsverhalten der Pferde ausgelegt. Pferde haben keinen Aggressionstrieb, aber ein ausgeprägtes Wehrverhalten.

Wird ihnen die Möglichkeit zur Flucht genommen, so bleibt nur noch dieses Verhalten übrig. Es ist die Antwort auf eine falsche Behandlung.

Haltung des Pferdes

Um Krankheiten und Verhaltensproblemen vorzubeugen, sollte man der Pflege und Haltung des Pferdes große Beachtung schenken. Hierzu ist es notwenig, die Grundbedürfnisse des Pferdes zu kennen. Da das Pferd ein Herdentier ist, wird eine Einzelhaltung ohne Sozialpartner als nicht verhaltensgerecht angesehen. Dem Pferd ist so häufig wie möglich Weidegang zu gewähren, da die Weide seinem natürlichen Lebensraum am ehesten entspricht. Da das Pferd von Natur aus ein »Schritt-Tier« ist, welches sich in Freiheit bis zu 16 Stunden am Tag langsam bewegen würde, muss in unserer Haltung dem Pferd zusätzliche Bewegung ermöglicht werden.

Da die Atemwege des Pferdes sehr empfindlich auf Staub und Schadstoffe reagieren, muss für eine ausreichende Frischluftversorgung und angemessene Luftzirkulation im Stall gesorgt werden.

Bei der Gestaltung der Boxen sollten entsprechende Richtmaße hinsichtlich Grundfläche und Abtrennungen bekannt sein und als Mindestvorgaben eingehalten werden.

Eine artgerechte Ernähung mit ausgewogenem Futter muss beachtet werden. Ebenso ist die Pflege des Pferdes nicht zu vernachlässigen. Die Gesunderhaltung der Hufe ist eine von vielen Anforderungen an den Pferdehalter, ebenso wie die artgerechte (nicht übertriebene) Körperpflege. Eine tägliche Kontrolle des Gesundheitszustandes des Pferdes ist unerlässlich.

■ *Boxenhaltung mit Außenpaddock.*

■ *Pferde beim Spiel ...*

Ernährung des Pferdes

Pferde sind Pflanzenfresser, die sich in freier Wildbahn von Gras, Grassamen, Zweigen, Laub, Schilf, Baumrinden u.v.m. ernähren. All diese Nahrungsmittel haben wenig Nährstoffe, sind aber reich an Rohfasern. Das Futter wird kontinuierlich über den ganzen Tag aufgenommen, langsam zermalmt und durchgespeichelt.

Ein Pferd, das vom Menschen gehalten wird, braucht ein abwechslungsreiches Nahrungsangebot. Hierbei ist insbesondere auf die Qualität und Lagerung der Futtermittel zu achten.

Als so genanntes Raufutter bieten sich hier Stroh und Heu an. Die Kraftfutterration sollte nicht nur aus Hafer, sondern aus Mischfutter bestehen. Die Fütterung erfolgt so oft wie möglich. Daher sollte Raufutter den ganzen Tag zur Verfügung stehen und Kraftfutter zwei- bis fünfmal täglich gefüttert werden. Auch Saftfutter darf bei der täglichen Nahrungsaufnahme nicht fehlen.

Pferde machen rund 80 Kaubewegungen in der Minute, wodurch die Speichelproduktion angeregt und die Verdauung beeinflusst wird.

Fehlerhafte Fütterung kann daher zu Mangelerscheinungen oder sogar zu Koliken führen und die Gesundheit des Pferdes gefährden.

Der Futterbedarf eines Pferdes hängt zum einen von der Größe des Pferdes und zum anderen noch von Faktoren

Grundlage einer gesunden Ernährung: ganztägig Zugang zu frischem Gras.

Trinkende Pferde – im Offenstall und auf der Weide.

wie Geschlecht, Rasse, Leistung, Alter, Jahreszeit, Gesundheitszustand und Haltung des Tieres ab.
Frisches Wasser sollte für das Pferd immer in ausreichenden Mengen (20–60 Liter) zur Verfügung stehen.

Erziehung/Ausbildung

Zwei Begriffe werden immer wieder in Zusammenhang mit den so genannten »Pferdeflüsterern« gebracht: Dominanz und Vertrauen.
Leider hat das Wort Dominanz immer wieder den Beigeschmack der Machtausübung und Aggressivität. Dominanz steht aber vielmehr für sanftes konsequentes Handeln und hat nichts mit Schlägen zu tun.
Die Rangordnung zwischen Mensch und Tier muss geklärt werden. Der Besitzer muss zum uneingeschränkten »Leittier« seines Pferdes werden.
Dominanz ist immer mit Vertrauen verknüpft, denn ein Pferd wird dem Menschen erst dann vertrauen, wenn es konsequent geführt wird und der Mensch sich in Gefahrensituationen als ruhig und souverän erweist.
Die Ausbildung eines Pferdes sollte bereits im Fohlenalter beginnen, damit es zu einem verlässlichen Partner heranreifen kann.
Ein verlässliches Pferd ist nicht nur für denjenigen wichtig, der sich sein erstes Pferd kauft. Hilfreich ist sicher die Lektüre von diversen Büchern und

Dominanz und Vertrauen

Ratgebern. Auch die Teilnahme an Ausbildungskursen ist empfehlenswert, in denen Halter und ihre Pferde im Umgang miteinander geschult werden.

Kenntnisse über das natürliche Verhalten sind genauso unerlässlich wie über die Körper- und Lautsprache der Pferde.

Wichtig ist in jedem Fall das Einfühlungsvermögen im Umgang mit dem Partner Pferd und Verantwortungsbewusstsein des Menschen und Halters selber, denn selbst das informativste Seminar kann nicht das vermitteln, was wir selbst in der Praxis mit dem Pferd lernen. Jeder Pferdehalter sollte sich demnach selbstkritsch die Frage stellen, was den Umgang mit seinem Pferd erschwert. Vielleicht ist es zu wenig Führung, eine zu harte Hand oder fehlendes Einfühlungsvermögen, was den Umgang schwierig macht.

■ *Pferd und Mensch in Harmonie.*

■ *Vertrauensaufbau mit Jährling.*

Gute Erziehung/Ausbildung des Pferdes und Kommunikation mit dem Freund und Partner Pferd sind daher Grundvoraussetzungen, damit es gar nicht erst zu Verhaltensproblemen kommt.

Die Sprache der Pferde

Pferden steht zu ihrer Verständigung ein recht reichhaltiges Repertoire zur Verfügung. Zum einen kommunizieren sie über eine ganze Reihe von Lauten, zum anderen über Körpersignale und Körpersprache.

Die Körperhaltung eines Pferdes sagt uns sehr viel über seine gesamte Verfassung aus. Als Grundsatz gilt:

Vertraute Seelen

Wenn Du mit den Tieren sprichst, lernst Du sie kennen.
Wenn Du nicht mit ihnen sprichst, lernst Du sie nicht kennen.
Was Du nicht kennst, davor fürchtest Du Dich.
Was Du fürchtest, zerstörst Du.

Chief Dan George

je höher und stolzer das Tier aufgerichtet ist, desto erregter ist es.
Ist eine Anspannung in Kopf, Schweif und Körper nicht sichtbar, wirkt das Pferd klein. Es ist schläfrig, unterwürfig oder gelangweilt.

Verhaltensstörungen/ Verhaltensauffälligkeiten

Die Definition von Verhaltensstörung besagt, dass jedes Verhalten, das vom artspezifischen Verhalten abweicht, eine Verhaltensstörung/Verhaltensauffälligkeit darstellt.
Weniger ausgeprägte Abweichungen des artspezifischen Verhaltens zeigen eine Verhaltensauffälligkeit ebenso an, wie seltener gezeigte Abweichungen vom artspezifischen Verhalten.
Eine Verhaltensstörung beinhaltet eine häufig gezeigte sowie meist massiv ausgeprägte Abweichung von spezifischen Verhaltensweisen des Pferdes.

Verhaltensstörungen werden in zwei Kategorien unterteilt:
1. Echte Verhaltensstörungen mit Schadensfolge
Hier besteht der Schaden oft in einer Teilzerstörung von Organen, Beschädigungen und Funktionsstörungen wie Koppen, Barrenwetzen (hier Abnutzung der Zähne), Hautverletzungen durch Scheuern, Koliken

2. Verhaltensstörung als schadensvermeidende Reaktionen
Hierunter versteht man Anpassungen an die Einwirkungen des Menschen, was sich oftmals äußert in Scheuen, Bösartigkeit, Zungenstrecken

Verhaltensstörungen bei Pferden leiten sich von den normalen Verhaltensweisen des Pferdes oft ab. Einige Verhaltensstörungen sind daher letztendlich nur als solche zu interpretieren, da das Verhalten massiv und in ständiger Wiederholung gezeigt wird.

Das Scharren bei Pferden, das aus bestimmten Anlässen kurz ausgeführt wird, gehört zum normalen Verhalten. Scharrt das Pferd jedoch massiv über einen längeren Zeitraum, so wird es zur **Verhaltensstörung**.

Das Kopfnicken, Kopfschlagen, übermäßiges Hin- und Herlaufen (am Zaun oder im Stall), Schlagen mit dem Vorderhuf, Beknabbern, Scheuen, Sich-nicht-Legen, Lecken und Holzfressen sind weitere **Verhaltensauffälligkeiten**, die sich aus dem natürlichen Verhalten entwickeln können. In bestimmten Situationen kurz ausgeführt gehören sie zum arttypischen Verhalten. Zur Verhaltensstörung werden diese Verhaltensweisen erst durch ständige Wiederholung und Steigerung in dieses Verhalten. Diese Steigerung entsteht meist aus Langeweile, Unterforderung, nicht artgerechte Haltung, Stress, Überforderung und fehlende Umweltreize.

Verursacher von Verhaltensstörungen bei Pferden sind daher grundsätzlich wir Menschen, denn alle Verhaltensstörungen resultieren leider aus der Missachtung der natürlichen Bedürfnisse der Pferde.

Das Pferd ist wie bereits beschrieben ein »Dauerfresser«, ein Flucht- und

Unwilliges Pferd beim Longieren.

Pferd in Offentstallhaltung.

Herdentier. Diesen Grundbedürfnissen müssen wir Rechnung tragen und das Pferd muss auch nach der Domestikation durch den Menschen die Gelegenheit bekommen, nach seinen absoluten Grundbedürfnissen zu leben.

Herde an Futterraufe mit ganztägigem Zugang zum Heu.

Dies kann allerdings in unserer heutigen Gesellschaft oft nur begrenzt möglich sein, da Pferde in eingezäunten Flächen gehalten werden müssen und daher kein frei wählbares unendlich weiträumiges Gebiet mehr zur Verfügung stehen kann.

Aber wir können dafür Sorge tragen, dass auch unseren domestizierten Pferden die Grundbedingungen geboten werden, die zur psychischen und physischen Gesundheit und zum Wohlbefinden zwingend erforderlich sind. Ständiges Raufutterangebot, genügend Bewegung ganztägig und Herdenhaltung sind daher erforderlich.

Die individuelle Reizschwelle bei jedem einzelnen Pferd ist sehr unterschiedlich, aber jedes Pferd entwickelt bei dauerhafter Boxenhaltung Verhaltensstörungen. Hauptsächlich die ständige oder überwiegende Haltung in Boxen verursacht schwerste Verhaltensstörungen.

Ein weiterer fördernder Faktor für Verhaltensstörungen ist die zeitlich begrenzte Fütterung von Raufutter.

In einer ständigen und ausschließlichen Boxenhaltung wird also den Grundbedürfnissen des Flucht- und Herdentieres keinerlei Beachtung geschenkt und es wird keines der drei grundlegenden Pferdebedürfnisse befriedigt – somit sind unter Umständen schwere Verhaltensstörungen und Erkrankungen schon vorprogrammiert.

Sensibel reagierende Pferde können Verhaltensstörungen bereits nach wenigen Tagen zeigen. Pferde mit ausgeglichenem Gemüt entwickeln sie vielleicht erst nach Wochen, Monaten oder Jahren.

Beispiel für eine geringe Reizschwelle:
Ein artgerecht gehaltenes Pferd muss wegen Krankheit fünf Tage und Nächte in der Box verbringen. Es entwickelt oft innerhalb dieser Zeit bereits Verhaltensauffälligkeiten wie Zunge spielen, scheuern, Gitterbeißen.

Viele Verhaltensstörungen entwickeln sich zunächst in speziellen Situationen und werden im weiteren Verlauf jedoch oft von der Ursprungssituation

Pferd in Boxenhaltung.

unabhängig. Wenn sie sich dann verselbstständigen, liegt häufig schon eine Therapieresistenz vor. Die Beseitigung des ursprünglichen Auslösers und der Ursache reicht dann vielfach nicht mehr aus, um die Störung aufzuheben. Verhaltensstörungen des Pferdes stellen eine Strategie dar, um mit Umweltbedingungen besser umzugehen, die das normale Anpassungsvermögen überfordern. In der Regel wird man durch Optimierung der äußeren Bedingungen oft schon eine Verminderung der Verhaltensstörung feststellen können.

Achtung

Je länger Verhaltensstörungen bestehen, desto schwerer wird die Regulierung derselben, weil sie längst zur lieb gewonnenen Gewohnheiten geworden sind.

Verhaltensstörungen sind ein Ventil des Pferdes und haben beruhigende Wirkung auf das Tier. Ebenso können sie die vermehrte Ausschüttung von Endorphinen auslösen.

Mit einer Therapie muss man also die Ursache beheben, um dauerhafte Erfolge zu verzeichnen.

Endorphine

Endorphine werden auch »Glückshormone« genannt und sind körpereigene Drogen. In Extremsituationen werden Endorphine vom Körper selbst produziert. Sie wirken schmerzhemmend, beruhigend und angstlösend.
Sie verschaffen eine wohlig-glückliche Stimmung bis zu Ekstase, regen den Schlaf an und erhöhen die Wahrnehmung.
Damit haben sie eine vergleichbare Wirkungsweise wie körperfremde Opiate (Morphium, Heroin, Opium).

Pferd und Halter in vertrauter Eintracht.

Wir sehen unser Pferd meist als Familienmitglied und Freizeitpartner und leben recht intensiv mit ihm zusammen. Wir bauen eine innige Beziehung zu unserem Freund auf, aber gerade diese innige Beziehung bringt vielfach auch Probleme mit sich – für das Pferd und für den Menschen.

Diese Probleme äußern sich in mehr oder weniger schweren Verhaltensstörungen, unter denen der Pferdehalter, das Pferd und auch seine Umwelt leiden.

Damit wir die Bedürfnisse unseres Freundes Pferd auch berücksichtigen und dann noch umsetzen können, müssen wir Menschen die Bedürfnisse erst einmal kennen und uns intensiv mit ihnen beschäftigen.

Meist wird zuerst das Pferd angeschafft. Wenn dann Schwierigkeiten aufkommen, beginnt man sich Gedanken über die Bedürfnisse des Pferdes zu machen, über seine Haltung, seine Fütterung und den artgerechten Umgang mit ihm.

Wir sollten aber besser den umgekehrten Weg gehen. Das heißt, dass wir uns erst einmal mit dem Thema Pferd eingehend auseinander setzen, die Grundbedürfnisse kennen lernen, die Körper- und die Lautsprache sowie das natürliche Verhalten verstehen lernen und uns erst dann ein Pferd anschaffen.

Viele Unannehmlichkeiten und Schwierigkeiten würden uns erspart bleiben, wenn wir vorher wüssten, was zu berücksichtigen ist, wie wir mit dem Pferd kommunizieren sollten, um dann mit unserem Freund harmonisch zusammenzuleben. Beruhigungstropfen, Bachblüten, Reiki, Tiertherapeuten, Tierkommunikatoren und Pferdeflüsterer wären letztlich überflüssig.

Die Langeweile (Unterbeschäftigung und das Fehlen von sozialen Komponenten) ist die häufigste Ursache für Verhaltensstörungen. Aber auch durch Überforderung, Überbeanspruchung, Stress, Vernachlässigung, Einzelhaltung und nicht pferdegerechten Umgang entstehen viele psychische Erkrankungen, die oftmals organische Erkrankungen (z.B. Atem-, Herz- und Stoffwechselprobleme) nach sich ziehen.

Achtung

Die Grundbedürfnisse des Pferdes zu befriedigen ist das eine, aber auch der Umgang mit dem Pferd will gelernt sein. Der Mensch sollte grundsätzlich das »Leittier« sein und nicht das Pferd. Auch sollte darauf geachtet werden, dass nicht jedes Pferd gleich geleitet werden kann, denn schließlich ist jedes Tier ein Individuum mit einem eigenen Charakter.

Lebensfreude

THERAPIEMETHODEN IN DER GANZHEITLICHEN VERHALTENSTHERAPIE

Vertrauensaufbau ist keine Frage des Alters.

Wie bereits beschrieben, kommen in der ganzheitlichen Verhaltenstherapie verschiedene naturheilkundliche Therapiemethoden zum Einsatz.
Einige davon sind: Homöopathie, Bachblütentherapie, Tierkommunikation, Farb-, Aroma- und Lithotherapie, wobei wir im Folgenden noch einmal auf das Hauptthema Reiki eingehen und die im Ablauf einer Reiki-Behandlung des Öfteren mit einfließenden Methoden wie Farb-, Aroma- und Lithotherapie nur kurz erläutern.

Reiki-Fallstudien

Puppa – Erleichterung bei Krebs im Endstadium

Die 24-jährige Schimmelstute Puppa hatte Krebs und war so weit abgemagert, dass die Besitzerin sie schon einschläfern lassen wollte. Der Tierarzt wurde erneut bestellt und eine Futterumstellung durchgeführt. Puppa bekam zusätzlich Reiki von mir verabreicht. Anfangs fast jeden Tag, dann jeden zweiten und später ungefähr einmal die Woche. Puppa genoss jede einzelne Reiki-Behandlung und zeigte von Anfang an keine Skepsis. Das Zusammenspiel von Tierarzt, Futterumstellung und Reiki zeigte seine Wirkung. Aber leider konnten wir nur helfen, ihre Schmerzen zu lindern und dafür sorgen, dass sie neuen Lebenswillen bekam.

■ *Puppa*

Letztendlich starb Puppa 25-jährig an ihrem Krebs, der nicht mehr aufzuhalten war. Ein gutes Beispiel dafür, dass der Schulmedizin wie auch der Naturheilkunde Grenzen gesetzt sind und niemand »heilen« kann, außer der Körper sich selber.

Nagano, einfach nur ein Genießer

Nagano ist ein gesunder, achtjähriger Westfalen-Wallach. Die Besitzerin hatte bereits von Reiki gehört und wollte nun einmal miterleben, wie sich Reiki auf ihr Tier auswirkt. Sie blieb während der gesamten Behandlung dabei und beobachtete genau die Reaktionen ihres Tieres.
Nagano empfand die Reiki-Energie sofort bei der ersten Behandlung als angenehm und ließ sich ca. 1/2 Stunde Reiki geben. Nach und nach entspannten sich sein Maul und seine Muskulatur. Er gähnte, nahm eine Ruhestellung ein und wurde schläfrig. Dann trabte er in seine Box. Die Besitzerin

■ *Nagano*

Jana war über die Reaktion verblüfft. Nagano zeigte kaum Blockaden. Lediglich im Bereich des linken vorderen Sprunggelenkes kam ein leichter Energiestau auf. Dies konnte auf eine einseitige Belastung beim Springtraining hindeuten, das er zuvor absolviert hatte. Bereits bei der zweiten Reiki-Gabe war diese Blockade allerdings vollständig verschwunden. Auch fiel der Besitzerin beim Springtraining keine einseitige Belastung auf.

Nagano bekam dann ab und an eine vorbeugende Behandlung, da er jede Reiki-Gabe in vollen Zügen genoss.

Die kopfscheue Laika

Nach einer Behandlung von Nagano wurde ich gebeten, noch nach der damals 12-jährigen Fuchsstute Laika zu sehen. Sie war in letzter Zeit extrem kopfscheu.

Anfangs reagierte Laika sehr nervös auf die Reiki-Energie, doch dann konnte sie circa zehn Minuten behandelt werden. Lediglich im Kopfbereich wollte sie nicht angefasst werden. Während der Behandlung musste Laika immer wieder von ihrer Pflegerin und mir gut zugeredet werden. Sie wurde vorsichtig an die Reiki-Energie herangeführt.

Bereits am nächsten Tag, nach dieser anfänglichen Kurzbehandlung, ließ Laika sich von ihrer Reiterin im Kopfbereich, an den Ohren und Nüstern wieder anfassen. Sie ließ sich ohne große Probleme trensen.

■ *Laika*

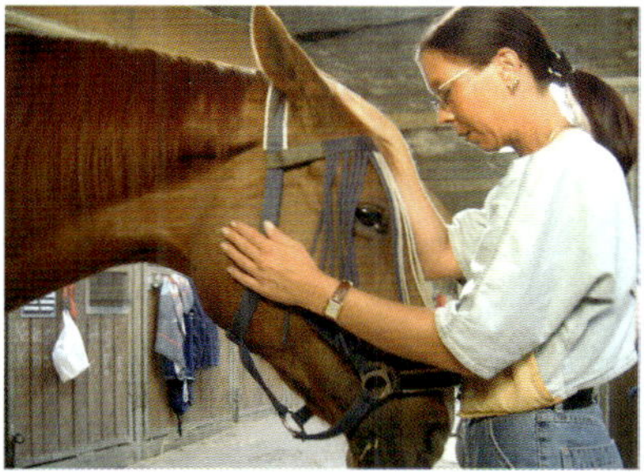

Laikas zweite Reiki-Behandlung.

Die zweite Behandlung verlief schon ganz anders. Laika baute Vertrauen zu der Reiki-Energie und mir auf. Sie stand ganz still und ließ sich bereitwillig selbst im Kopfbereich Reiki geben. Nun konnte ich über sämtliche Chakren die Energie fließen lassen. Laika stand ganz entspannt da und genoss jeden Augenblick. Jetzt dauerte so eine Anwendung auch bereits ca. 30 Minuten.

Weitere Behandlungen wurden dann wöchentlich durchgeführt. Die Besitzerin brach jedoch schließlich die Behandlungen ab und Laika verfiel in Ihre alten Muster. Sie ließ sich wieder nicht trensen und schmiss sich beim Satteln in der Stallgasse hin.

Das lag natürlich nicht nur an den nun fehlenden Reiki-Behandlungen, sondern auch am Umgang der Besitzerin mit Laika. 2004 schließlich sollte sie »weg« da sie nun auch noch starke Mauke hatte und dämpfig wurde. Mein Mann Jochen hat Laika letztendlich übernommen. Sie lebt mit uns auf unserem Hof. Sie bekommt noch immer ihr Reiki und genießt es, wenn Reiki-Schüler an ihr »üben«.

Laika kann wieder getrenst werden.

Auch vor dem Ausreiten habe ich Laika schon Reiki gegeben, was ich aber lieber lasse, denn dann ist unsere mittlerweile so gelassene Schnecke gar nicht mehr zum Gehen zu bewegen ...

Peppino, ein Dressurpferd

Pepino ist ein 9-jähriger Westfale. Einen Tag vor dem Dressurturnier wurde ich von Pepinos Besitzerin gebeten, ihm Reiki zu geben, da Pepino oft unkonzentriert ist und sich leicht ablenken lässt.

Während der ersten Behandlung genoss Pepino Reiki sehr und entspannte sich, obwohl er zuerst noch dagegen angekämpft hatte. Die Besitzerin beobachtete auch, wie die Durchblu-

Pepino

tung bei ihrem Pferd während der Behandlung verstärkt wurde. Die Behandlung dauerte ca. 20 Minuten an.

Bereits am nächsten Tag (Turnier) beobachtete die Besitzerin, dass Pepino konzentrierter war als sonst und in einigen Situationen auch wesentlich ruhiger und gelassener. Die Konzentration ließ dann allerdings gegen Nachmittag etwas nach.

Aufgrund der positiven Erfahrung gleich bei der ersten Reiki-Behandlung, wird Pepino nun kontinuierliche und ausgiebige Reiki-Gaben erhalten, zusätzlich noch vor jedem Turnier.

Gerson, ein Pferd mit Sommerekzem

Gerson war ein Wallach, der auf einem Hof in der Nähe von mir stand. Er litt seit vielen Jahren an einem Sommerekzem. Behandlungen erfolgten durch den Tierarzt und den Heilpraktiker.

Gerson bekam Eigenblutbehandlungen und verschiedene Salben. Die Besitzerin bat mich, ihn zusätzlich mit Reiki zu behandeln.

Am 17. August 2002 bekam Gerson seine erste Reiki-Behandlung. Diese dauerte ca. 20 Minuten und Gerson entspannte sich bei der Behandlung. Obwohl er stets auskeilte, wenn ihn jemand an der Schweifrübe berührte, ließ er es bei der Behandlung geschehen. Auffällig war, dass sich die stärksten Ekzempunkte genau auf den Chakren befanden.

Die Pflegerin Susi beobachtete Gerson ganz genau nach der Behandlung. Er war anhänglicher und umgänglicher.

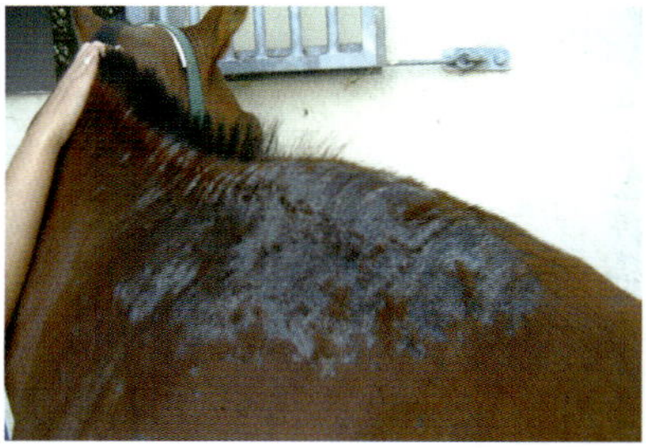

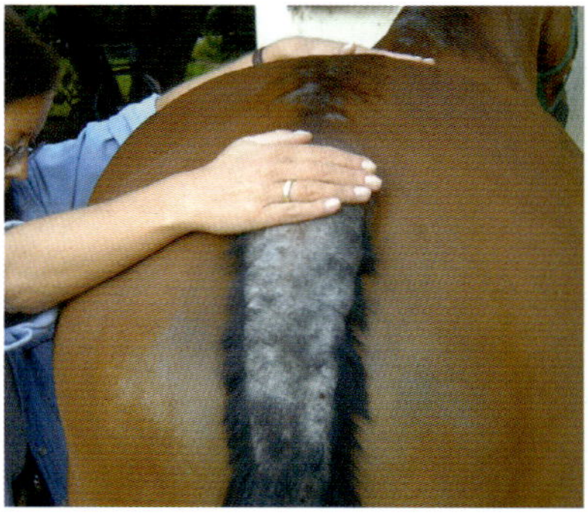

Gerson mit Sommerekzem.

Am 23. August 2002 bekam Gerson seine zweite Reiki-Behandlung. Diese dauerte über eine Stunde und er entspannte sich völlig. Die Tage nach der Behandlung war er ruhiger und verschmuster.

Die dritte Behandlung am 28. August 2002 dauerte ca. 30 Minuten an. Das Verhalten war wesentlich entspannter als zuvor und bereits bei der Behandlung war Gerson sehr verschmust.

Am 1. September 2002 war Gersons vierte Reiki-Behandlung. Zuerst war er recht zappelig, wurde dann aber ruhiger und ausgeglichener. Reiki ließ er nur ca. 20 Minuten zu.

Nach der Behandlung beobachtete Pflegerin Susi Folgendes:

Gerson war allgemein sehr ruhig geworden, doch bei der täglichen Pflege (waschen und eincremen) reagierte er noch immer an manchen Stellen leicht ungehalten.

Gerson wurde nun von Behandlung zu Behandlung ruhiger und fing an, Reiki zu genießen.

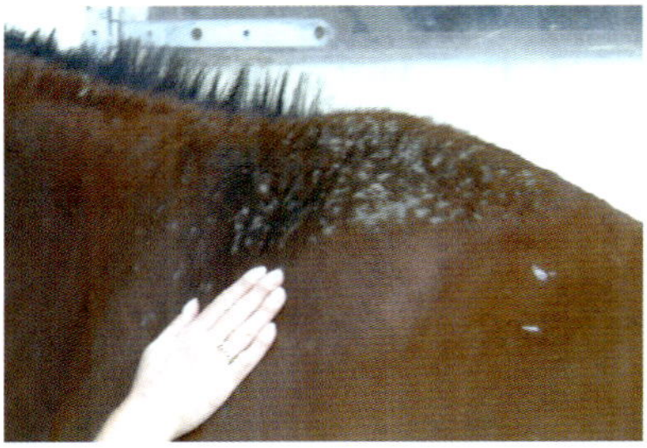

■ *Gerson nach einigen Reiki-Behandlungen.*

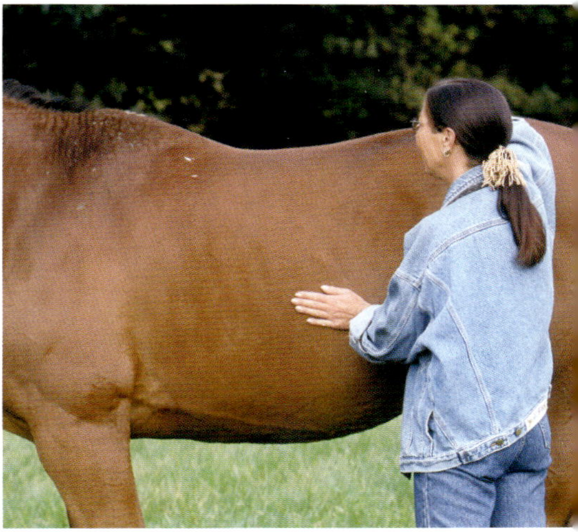

■ *Gerson am Ende des Sommers.*

Bereits am 6. September 2002 war Gerson allgemein umgänglicher. Die Behandlungsabstände wurden von zweimal wöchentlich, auf einmal die Woche und jetzt auf einen Eineinhalb-Wochen-Rhytmus ausgedehnt.

Erstaunlich war, dass er mittlerweile auch nicht mehr so »aggressiv« auf Hunde reagierte, obwohl er die eigentlich überhaupt nicht mochte.

Man muss dazu sagen, dass ich oft zu Behandlungen meine eigenen beiden Hunde mitnehme. Diese wurden von Gerson recht schnell akzeptiert und er konnte entspannen und die Reiki-Gaben genießen.

Leider konnte ich die Behandlung nicht fortführen, denn Gerson hatte einen Weide-Unfall und musste eingeschläfert werden.

■ *Snoopy*

■ *Amalia*

Snoopy mit dem schwachen Nervenkostüm

Hier nun noch ein Beispiel aus Sicht der Reiterin Stephanie. Pferd Snoopy ist ein 12-jähriger Brandenburger.
Snoopy ist ein recht nervöses Pferd. Solange er zu Hause in seiner gewohnten Umgebung ist, benimmt er sich normal und ist zumeist ruhig. Sobald er merkt, dass es aufs Turnier geht, wird er sehr nervös, bekommt Durchfall und ist nicht mehr wiederzuerkennen. Als ich von den tollen Erfolgen erfuhr, die durch Reiki erzielt wurden, war mir klar, dass auch Snoopy diese neuartige Erfahrung machen sollte.
Am Donnerstag, vor der Springstunde, und am Freitag gab Britta Vock ihm Reiki (jeweils 15 Minuten). Am darauf folgenden Samstag hatten wir Turnier. Bereits beim Training zu Hause merkte ich, dass sich Snoopy verändert hatte. Er stürzte nicht mehr auf die Sprünge zu, sondern lief kontrolliert. Auch in der Springprüfung machte es sich bemerkbar: Er war fast gar nicht nervös und konnte sich wesentlich besser konzentrieren.

Amy, die alte Dame aus dem Tierschutz

Amy wurde 1984 geboren und ist eine Quarterstute mit Papieren. Sie kam 2006 zu uns. Ein Tiergnadenhof brachte sie uns mit ihrem Fohlen Ninjo zur Vermittlung, da wir auch als Pflegestelle fungieren.
Amy war in einem recht desolaten Zustand: ausgemergelt und muskelatrophisch, mit Hautekzem von Dasseln, noch dazu voller Streptokokken, Staphyllokokken und Entereobacter. Ihr Fohlen war rasch in gute Hände vermittelt.
Anfangs bekam Amy Aufbaunahrung, Wurmkuren und Antibiotika. Leichtes Aufbautraining begann. Doch sie machte nie so richtig mit, stand nur alleine und starrte ins Leere. Einmal zuvor hatte ich bereits so ausdruckslose Augen gesehen, das war bei Loveno, als er sich aufgegeben hatte.

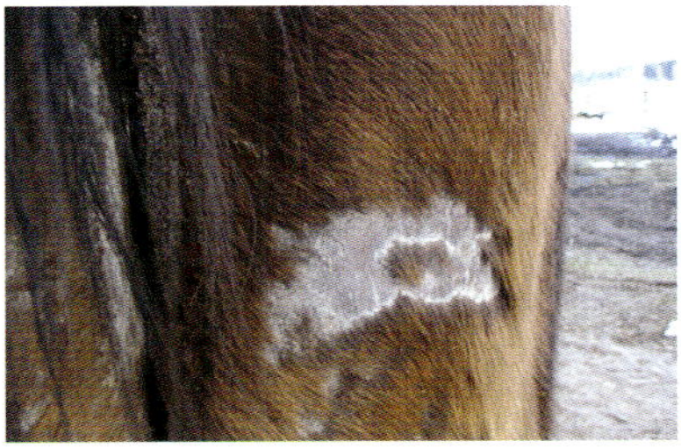

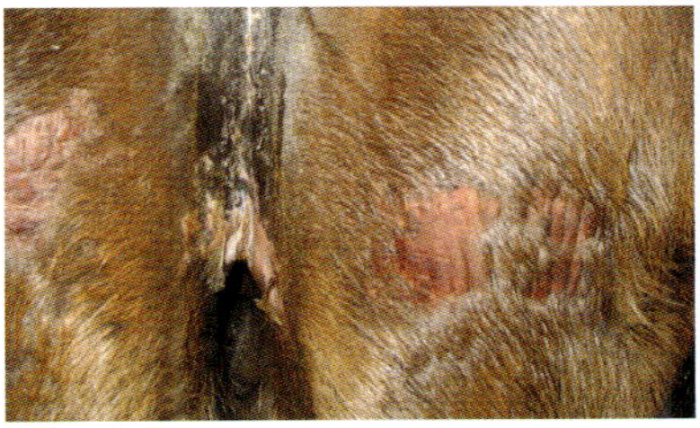

Amys Hautprobleme

Zuerst reagierte Amy sehr skeptisch auf die Reiki-Energie, indem sie sich

Amy möchte ihre Ruhe.

immer wieder abwendete. Am dritten Tag ließ sie eine Behandlung über sich »ergehen«. Amy senkte den Kopf ganz tief hinab und begann zu gähnen und zu kauen. Sie atmete tief durch und schlief fast ein. Die erste Behandlung dauerte ca. zwei Stunden und Amy konnte gar nicht genug bekommen. Bereits nach dem dritten Tag kam der Glanz in Amys Augen zurück und sie gesellte sich zur Herde, von der sie stets abseits stand. Es schien, als wäre ein »Ruck« durch sie gegangen. Sie war nun bereit, um ihr Leben zu kämpfen. Seit dem Tag fruchteten dann auch alle anderen Therapien.
Das Hautekzem ist mittlerweile gut verheilt, das Aufbautraining ist beendet und Amy bekommt weiter fast täglich ihr Reiki (das sie so sehr liebt), ihre täglichen Möhren und viele Extra-Schmuseeinheiten. Amy ist mittlerweile nicht mehr so krankheitsanfällig. Sie ist eine liebenswerte Stute, die sehr anhänglich und schmusig ist, wir freuen uns über jeden Tag, den es ihr besser geht.

Die stolze Sonita

Sonita wurde vom Tierschutz an uns vermittelt. Sie hatte ihr Fohlen bei sich und litt seit sieben Jahren (unbehandelt) an einer chronischen Schulterlahmheit. Menschen gegenüber war sie nicht nur übermäßig skeptisch und zurückhaltend, sondern sie war auch immer angespannt. Von Hunden und Kindern fühlte sie sich sofort »ge-

Die stolze Sonita.

Die zutrauliche Sonita.

nervt«. Sonitas Vorgeschichte kennen wir nicht, aber sie muss so einiges erlebt haben, was sie regelrecht traumatisiert hat.

Sonita ließ kaum jemanden an sich heran. Auf mich reagierte sie besonders heftig. Kam ich in ihre Nähe, fing sie heftig an zu schnauben und wollte einfach nur weg. Jedes Mal, wenn ich sie berührte, bekam sie Angst und wollte flüchten. Sie schien die Reiki-Energie sehr heftig zu spüren und ließ keine Behandlung zu.

Ich beschloss, sie aus einem Eimer zu füttern und sie so nach und nach mit der Reiki-Energie zu konfrontieren. Bei Sonita war einfach Geduld ange-

Die mürrische Sonita.

sagt. Ihre erste Behandlung von 15 Minuten ließ sie erst nach etwa sechs Monaten geschehen.
Sonita genießt auch heute Reiki nur relativ kurz, jedenfalls für ein Pferd: maximal 15 Minuten. Aber sie entspannt sich dabei und gähnt häufig danach. Bei Sonita habe ich auch beobachtet, dass sie sich nach einer Reiki-Behandlung hinlegt.
Sonny, wie wir sie nennen, geht mittlerweile schon auf den ein oder anderen Menschen zu, ist aber noch immer zurückhaltend. Ihre extreme Unsicherheit hat sich mittlerweile jedoch gelegt. Sonita wird noch immer behandelt und aufgebaut, reitbar wird die Schöne jedoch nie wieder werden. Durch Osteopathie, Massagen, Arthrosekuren, Reiki und entsprechende Ernährung geht es der Schönen schon ein wenig besser. Aber es wird noch ein langer Weg, bis Sonita wieder schmerzfrei laufen kann.
Sie bekommt bei uns mit Amy, Loveno und Laika ihr Gnadenbrot.

Die scheue Zoe

Zoe kam ebenfalls 2006 aus dem Tierschutz zu uns. Sie war ca. drei Jahre noch ungeritten und temperamentvoll, hatte Mauke und musste nach ihrem starken Blutwurmbefall wieder aufgepäppelt werden. Der anfängliche Husten war rasch auskuriert.
Zoe war sehr menschenscheu und hatte Angst vor dunkelhaarigen Frauen. Eine Vorgeschichte war uns nicht bekannt, aber irgendetwas musste das

Pferd durchgemacht haben, dass sie sich so verhielt.

Zoes erste Begegnung mit Reiki war eigentlich lehrbuchmäßig. Als sie die Reiki-Energie spürte, drehte sie erst einmal ab und flüchtete ein paar Meter. Sie blieb stehen und kam vorsichtig zurück. Als ich meine Hand wieder langsam auf ihren Körper legte, hielt sie kurz inne, wich aber sofort wieder. Sie kam dann noch einmal neugierig zurück und »begutachtete« meine Hände. Ich berührte sie ein drittes Mal und Zoe ließ es zu. Ich durfte sie dann eine ganze Weile behandeln – schließlich auch im Kopfbereich. Zoe entspannte, kaute, winkelte ein Hinterbein an und fing eine Weile später zu wanken an. Ein Besucher, der das Szenario beobachtete, fragte sogar, ob ich ihr Beruhigungsmittel gegeben hätte.

Seit der ersten Reiki-Behandlung veränderte Zoe sich kontinuierlich. Sie wurde ruhiger, fasste wieder Vertrauen zu den Menschen und ist mittlerweile sehr anhänglich. Wenn sie bei der Roundpen- oder Bodenarbeit vor Aufregung anfängt zu schwitzen oder Durchfall bekommt, unterbrechen wir unsere Arbeit und Zoe bekommt erst einmal eine Reiki-Behandlung.

■ *Die scheue Zoe.*

Zoe, meine treue Begleiterin.

Danach ist sie entspannt und ruhig und arbeitet konzentriert mit.
Zu Zoe habe ich über Reiki eine ganz besondere Verbindung bekommen. Sie ist mein Pferd und meine »Freundin« geworden.

Diadora, die Hypersensible mit Magenproblemen

Erfahrungsbericht von Astrid Völker
Diadora ist ein lettisches Warmblut und 12 Jahre alt.
Sie leidet seit langem unter Magen- und Darmproblemen und ist auf Grund von Schluckbeschwerden oft appetitlos. Sie ist in tierärztlicher und naturheilkundlicher Behandlung (Bachblüten und ganzheitliche Verhaltenstherapie).
Diadora nahm die Reiki-Energie sofort an und entspannte gleich beim ersten Mal. Die Entspannungsmomente wurden immer länger. Diadora wurde zum echten Genießer. Ein paar »Pupse« wurden immer häufiger und zum Schluss äppelte sie sogar. Der ganze Magen-/Darmtrakt wurde dadurch gut aktiviert.
Nach jeder Reiki-Behandlung hatte sie großen Appetit auf Heu. Nach ca. drei Monaten ließ sie mich auch an ihr Stirn-Chakra heran und genoss die Behandlung nach anfänglicher Skepsis sehr.

Als ich meinen zweiten Reiki-Grad erworben hatte, wurde die Energie noch stärker und ich konnte die Magenschmerzen meines Pferdes regelrecht spüren.
Da ich ein bisschen damit gerechnet hatte, hat es mich auch nicht erschreckt. Diadora reagierte ganz aufgeregt, blieb aber stehen. Ich beruhigte sie mit meiner Stimme und alles war wieder gut. Der Schmerz verschwand vollständig bei mir, bei ihr offensichtlich auch, denn danach entspannte sie sich.

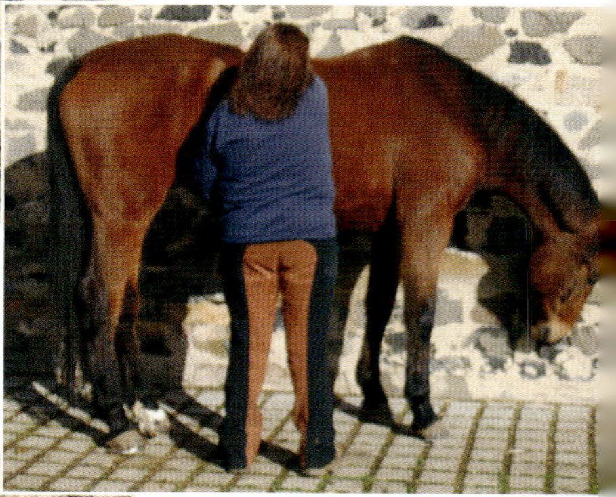

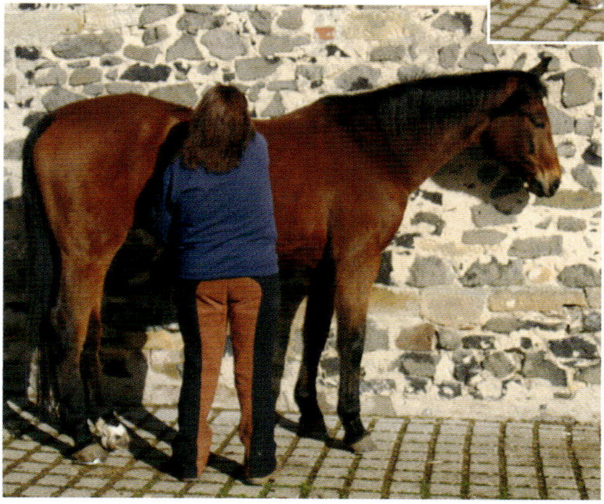

■ *Diadora vor und während einer Reiki-Behandlung.*

Diadora und Astrid.

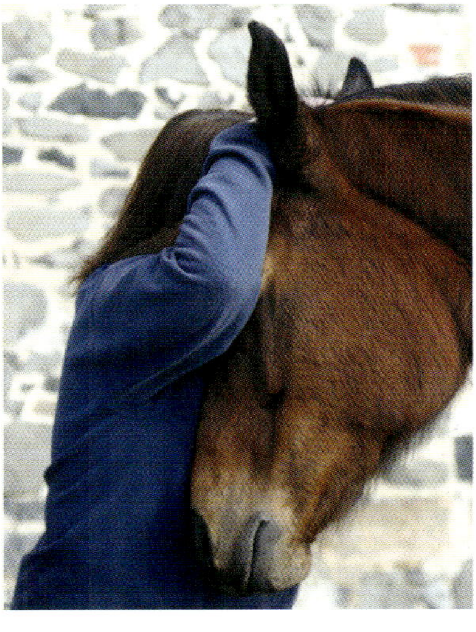

Reiki-Handpositionen für Pferde

Im Weiteren folgen ein paar ausgewählte Handpositionen zur Veranschaulichung möglicher Behandlungsansätze.

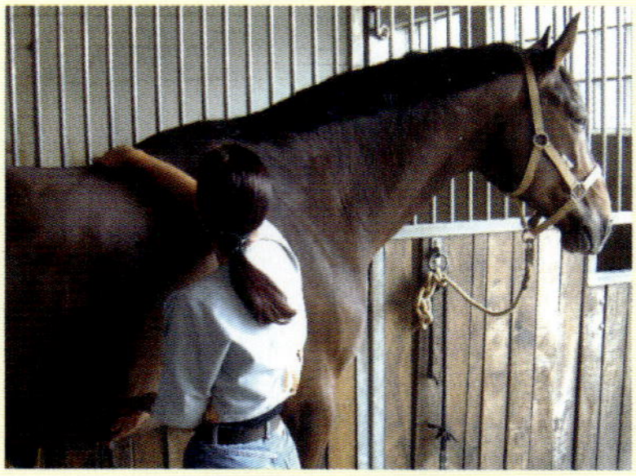

Die Handpositionen »Herz-Chakra« und »Unterbauch« (Darmtrakt). Einsetzbar u.a. bei Blähungen, Koliken und zur allgemeinen Prophylaxe.

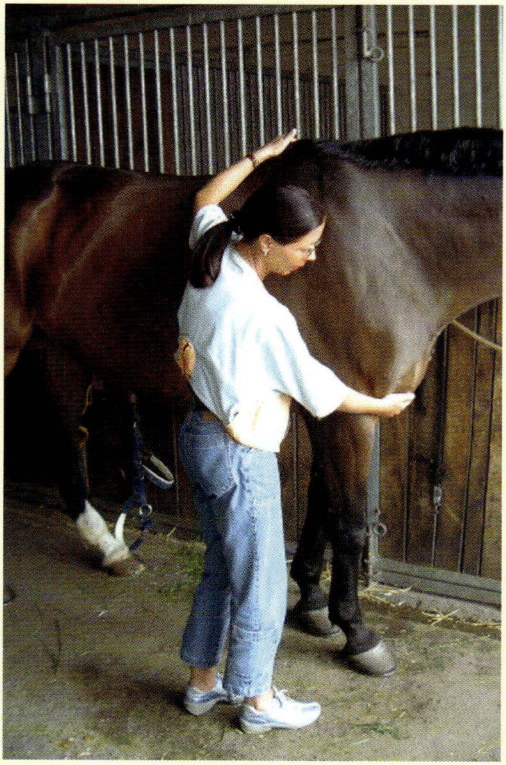

Handpositionen »Herz-Chakra« und »Bugbereich«. Ein Beispiel zur Entspannung der Muskulatur, vor und nach dem Training einsetzbar.

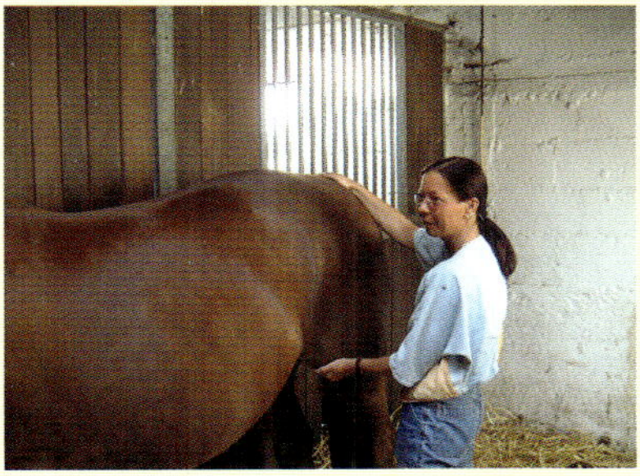

Handpositionen »Wurzel-Chakra« und »Knie«. Einsetzbar u.a. zur allgemeinen Durchblutung und Versorgung des zentralen Nervensystems und bei Patellaproblemen.

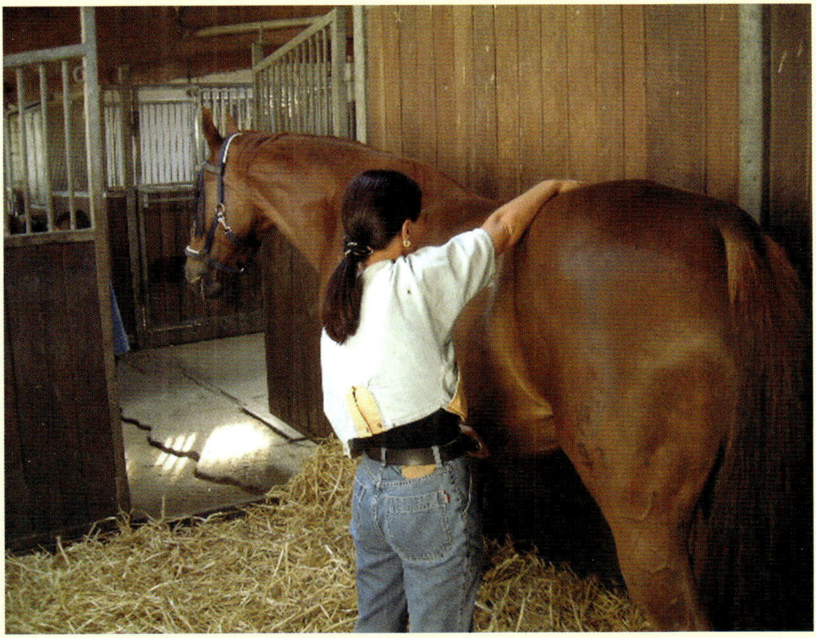

Handpositionen »Solar-Plexus-Chakra« und »Unterbauch«. Einsetzbar zur Förderung des Stoffwechsels, Anregung der Leber- und Nierentätigkeit, Anregung des Verdauungstraktes.

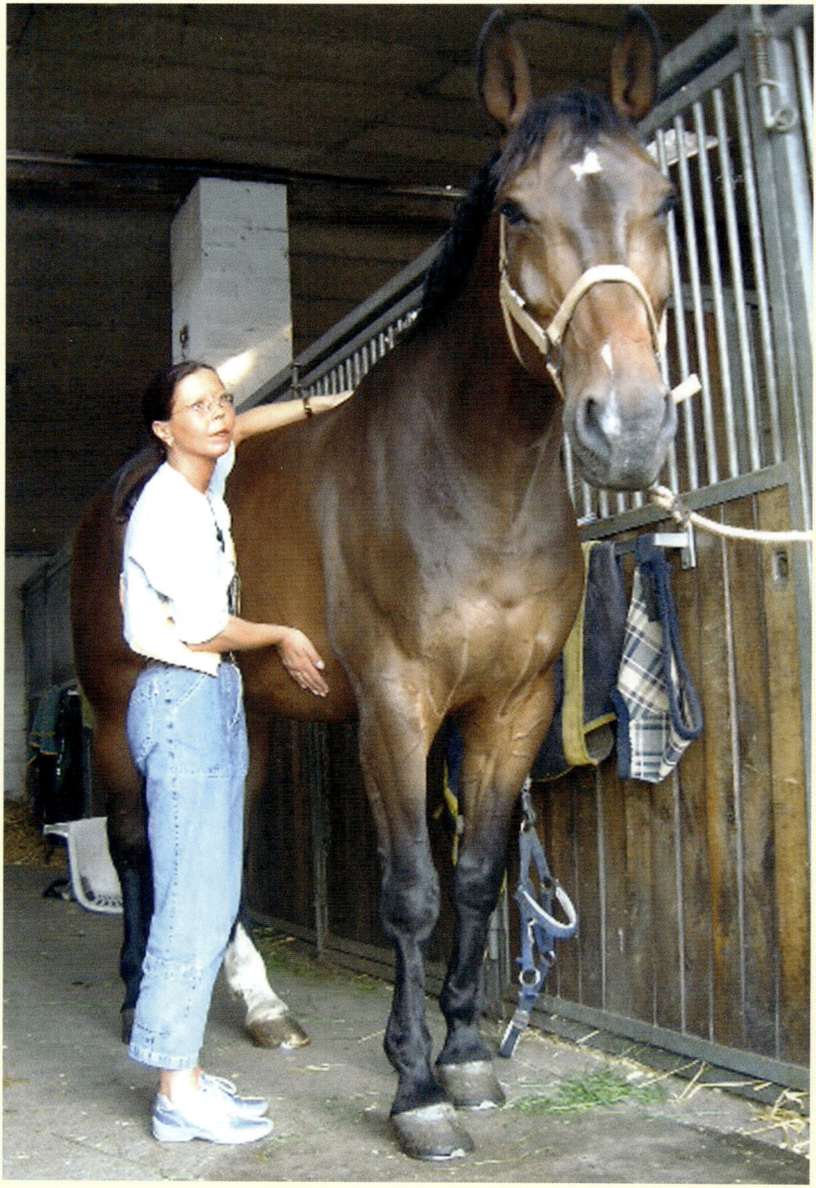

Handpositionen »Rücken« und »Bauchbereich«. Einsetzbar bei Verspannungen und Kolikanfälligkeit.

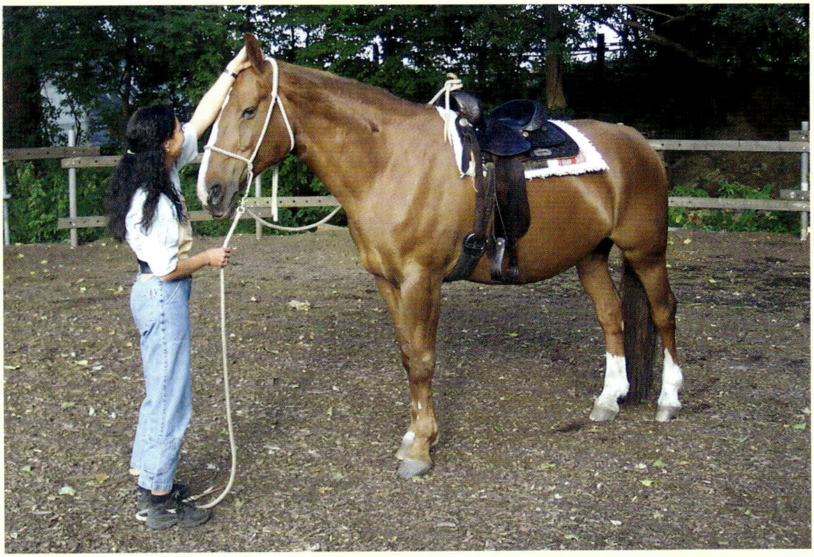

■ *Handposition »Kronen-Chakra«. Einsetzbar zur Beruhigung oder zur Schmerzlinderung.*

■ *Handpositionen »drittes Auge« und »Kronen-Chakra«. Einsetzbar zur Beruhigung bei Stress-Situationen.*

Handposition »Karpalgelenk«. Einsetzbar u.a. bei Arthrosen, vor oder nach dem Springtraining, Zerrungen, Dehnungen, Verstauchungen.

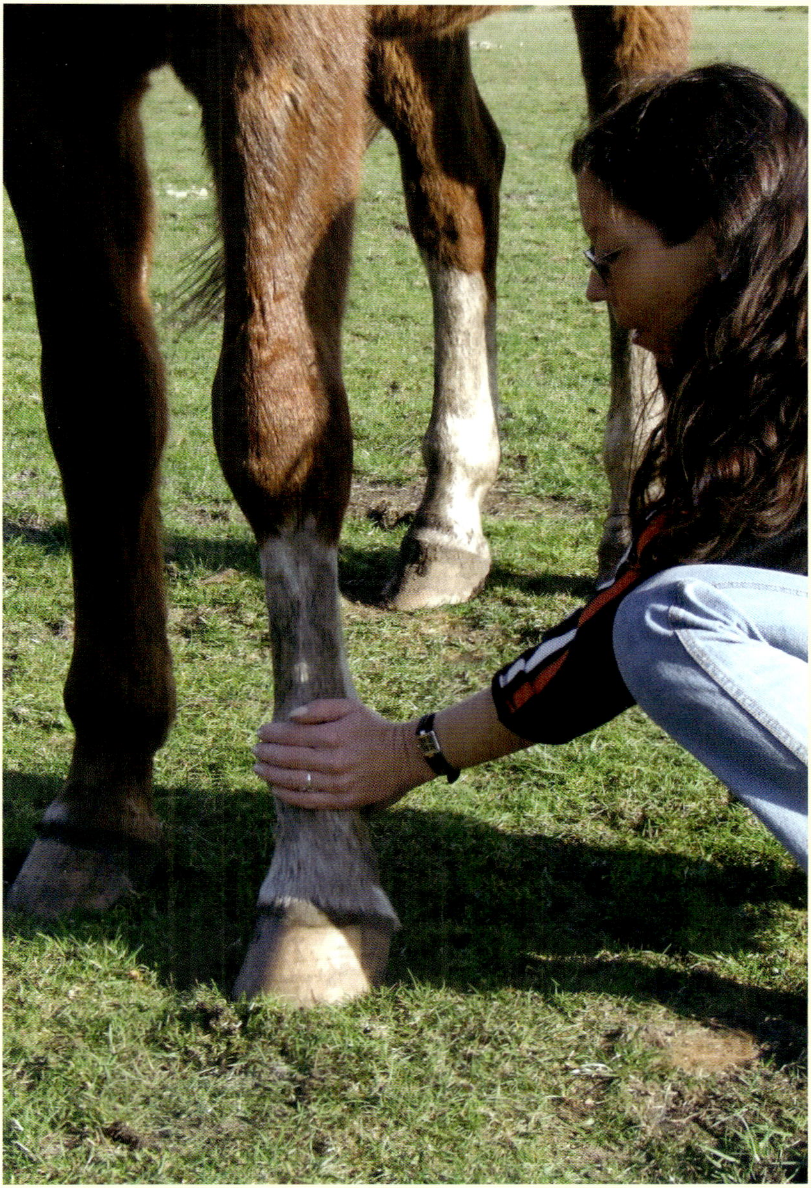

Handposition »Fesselgelenk«, einsetzbar u.a. bei Arthrosen, vor oder nach dem Springtraining, bei Zerrungen, Dehnungen und Verstauchungen.

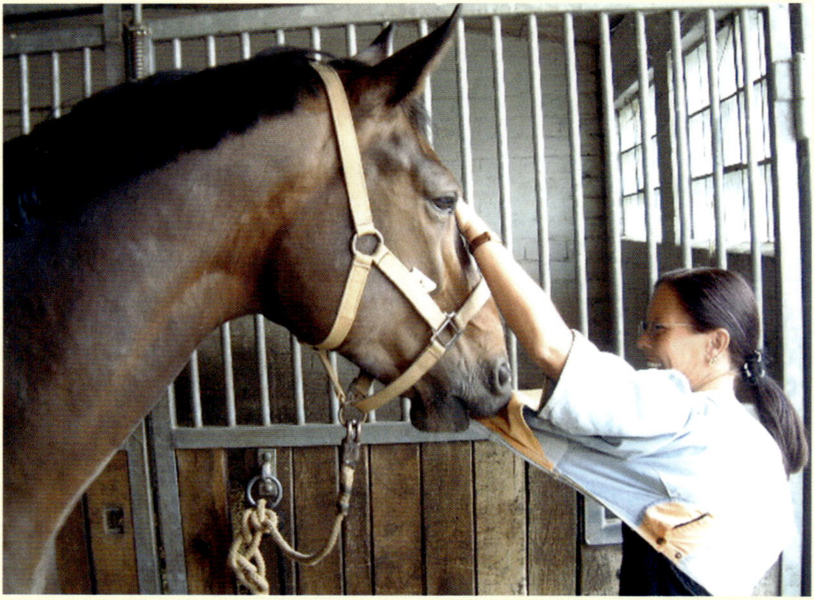

Rusty ist der Meinung, dass er nun genug Reiki bekommen hat. Fotografiert werden möchte er auch nicht mehr ... Er möchte jetzt spielen oder auf die Weide gehen.

ERSTE HILFE MIT REIKI

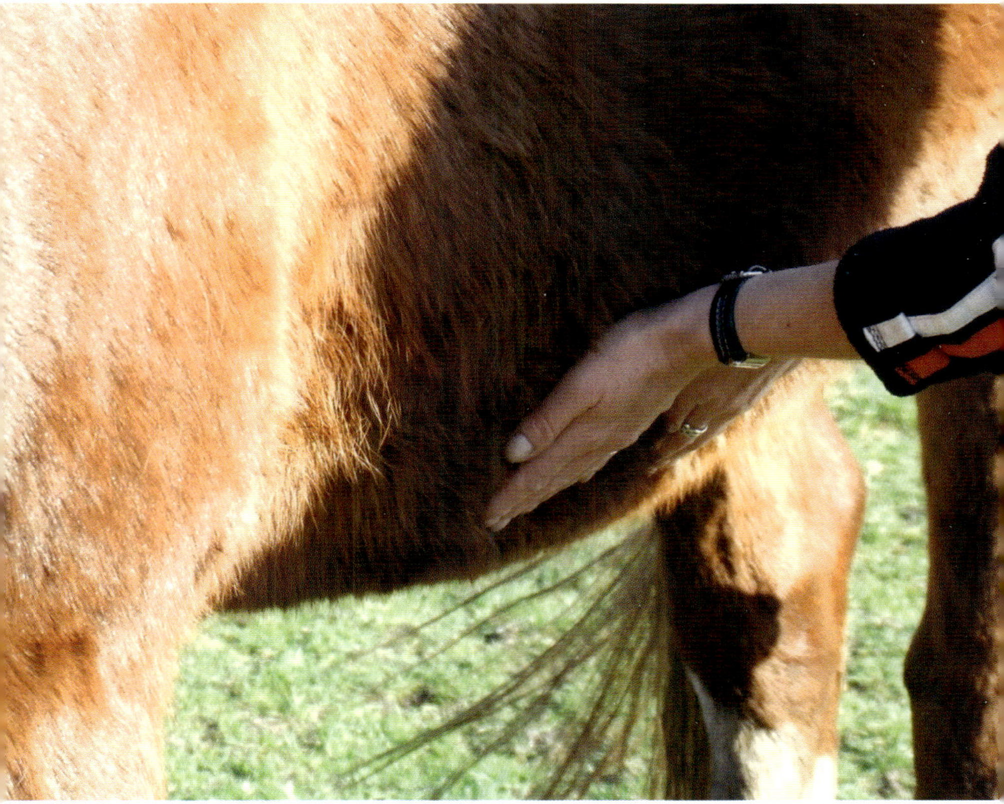

Erste Hilfe mit Reiki zur Gesunderhaltung Ihres Pferdes.

Reiki wird nicht nur in der ganzheitlichen Verhaltenstherapie mit angewendet, sondern kann auch gut als Erste-Hilfe-Maßnahme eingesetzt werden, bis der von Ihnen gerufene Tierarzt eintrifft.

Koliken

In jedem Fall sollte der Tierarzt bei Kolikerkrankungen gerufen werden. Hat ein Pferd eine Kolik, so kann man den Bauchbereich mit Reiki behandeln, da die Darmtätigkeit angeregt und die Verkrampfung gelöst wird. Die Behandlung kann erfolgen, während man das Pferd bewegt oder auch am liegenden Tier. Hier ist nur besondere Vorsicht angebracht, damit Sie sich nicht selbst in Gefahr bringen, falls das Pferd aufstehen möchte. Hilfreich ist auch der Einsatz von krampflösenden Homöopathika. Bis zum Eintreffen des Tierarztes können Sie dem Pferd so schon wertvolle Hilfe leisten.

Unter dem Begriff **Kolik** werden alle schmerzhaften Erscheinungen zusammengefasst, die durch krankhafte Veränderung im Magen und Darmkanal hervorgerufen werden. Es ist keine

Leichtfuttriges, kolikanfälliges Pferd.

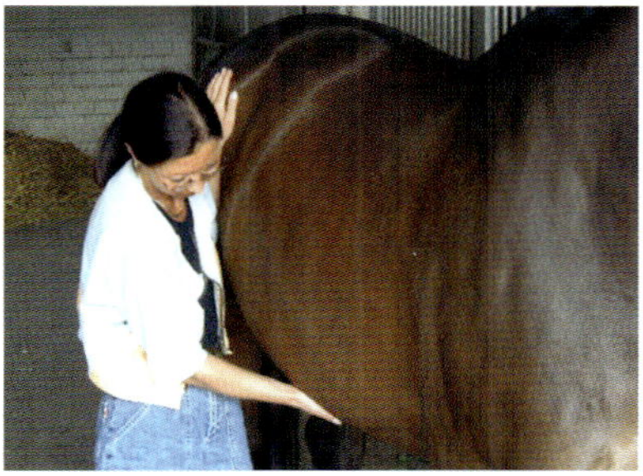

Kolikbehandlung beim Pferd (bis zum Eintreffen des Tierarztes).

Krankheit, sondern immer ein Hinweis auf Schmerzen im Bereich der Bauchhöhle. Die Ursachen für eine Kolik können sehr unterschiedlich sein. Anzeichen für das Vorliegen einer Kolik sind entweder ruhiger Art, wie Fressunlust, Aufziehen des Leibes, Teilnahmslosigkeit, häufiges Liegen, Gähnen, Flehmen, Umschauen nach dem Bauch, Schlagen mit dem Schweif, häufiger Harnabsatz und Schlagen mit den Beinen unter dem Leib, oder heftiger Art, wie starke Unruhe, Schwitzen, ängstlicher Blick, kratzen, heftiges Hinwerfen und rücksichtsloses Wälzen. Bei jeder Kolik ist sofort ein Tierarzt zu rufen.

Der lange Schlund des Pferdes hat einen engen Durchmesser, wobei die breiteste Stelle kurz hinter dem Kehlkopf liegt und hier die meisten Fremdkörper stecken bleiben.
Eine Erweiterung des Schlundes ist an der linken Halsseite als weiche Geschwulst sichtbar. Verstopfungen findet man meist bei futterneidischen Pferden, die sehr hastig fressen, da infolge des schlechten Zermahlens und Einspeichelns Futterteile im Schlund stecken bleiben.
Es können auch Schlundverstopfungen durch Abschlucken oder Erschrecken auftreten.

Schlundverstopfung

Bei einer Schlundverstopfung Reiki direkt auf den Schlund des Pferdes geben, wobei dieser auch gleichzeitig leicht massiert werden kann. Ebenso wird Reiki hier auf das Kehl-Chakra gegeben, bis der Tierarzt eintrifft.

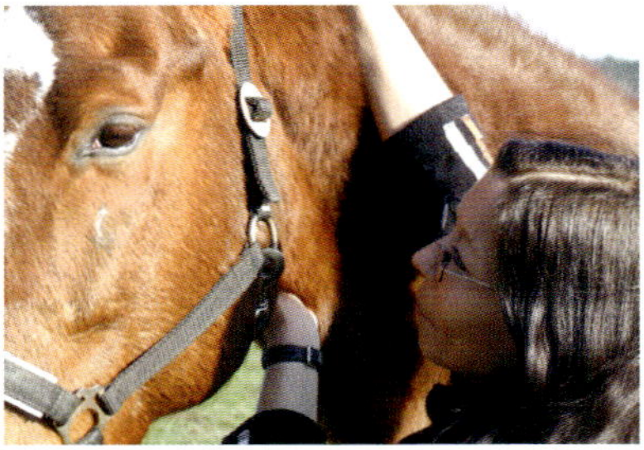

Reiki bei Schlundproblemen.

Symptome bei einer Schlundverstopfung

- Fressen wird unterbrochen,
- Husten,
- Kopfschütteln,
- Strecken des Kopfes beim Abschlucken,
- Speicheln,
- Scharren mit den Vorderbeinen,
- manchmal fließen auch Futter und Wasser aus Maul und Nüstern.

Verletzungen, Wunden, Prellungen

Auch hier ist Reiki eine gut anwendbare, aber wohlgemerkt zusätzliche Therapieform zu den anderen Erste-Hilfe-Maßnahmen, bis der Tierarzt eintrifft. Bei Prellungen können Sie Reiki direkt auf die betroffene Stelle geben, damit die Muskulatur dort entkrampft und eine Durchblutung gewährleistet ist. Bei offenen Wunden sollte Reiki neben der Versorgung der Wunden gegeben werden, damit der Heilungsprozess von innen heraus angeregt wird und die Wunde sich nicht oberflächlich vorschnell verschließt.

Hitzschlag oder Sonnenstich

Bei Hitzschlag oder Sonnenstich vergessen Sie nicht, das Pferd zuerst an einen kühlen Ort zu bringen (keine Zugluft). Zur Stabilisation des Kreislaufs kann zusätzlich Reiki gegeben werden, bis der gerufene Tierarzt eintrifft. Dabei sollten aber die anderen Erste-Hilfe-Maßnahmen wie kalte Umschläge, Abspritzen mit kaltem Wasser etc. nicht vergessen werden.

Ursachen für Hitzschlag oder Sonnenstich sind Überhitzung des Körpers durch hohe Außentemperaturen und eigene Wärmeerzeugung bei der Arbeit, wodurch ein starker Blutandrang zum Gehirn besteht.

Symptome bei Hitzschlag oder Sonnenstich

- Mattigkeit,
- taumeln,
- starker Schweißausbruch,
- Bewusstlosigkeit,
- starkes Füllen der Adern,
- Hitze der Körperoberfläche,
- manchmal Krämpfe.

Speiseröhrenkrämpfe

Bei Speiseröhrenkrämpfen ist Reiki eine gute Erste-Hilfe-Maßname, die man ausführen kann, bis der Tierarzt eintrifft. Da Reiki die Muskulatur entspannen kann, besteht die Möglichkeit, dass die Speiseröhre entkrampft. Während der Reiki-Gabe kann der Hals gleichzeitig auch massiert werden oder entsprechend krampflösende homöopathische Mittel gegeben werden.

Ursachen für Speiseröhrenkrämpfe sind Allergien, Abschlucken zu großer Bissen, Fressen von Giftpflanzen.

Symptomatisch bei Speiseröhrenkrämpfen ist, dass der Nahrungsbrei sich an der verengten Stelle durch die schmerzhafte Einschnürung der Muskulatur staut und der Speisebrei stoßartig ausgehustet wird. Der Teil der Speiseröhre, an dem sich die Nahrung gestaut hat, ist als harter Strang fühlbar.

Verstopfungen

Auch im Bereich von Verstopfungen ist Reiki eine gute zusätzliche Erste-Hilfe-Maßnahme zu den anderen Maßnahmen, bis ein erfahrener Tierarzt oder Tierheilpraktiker zu Rate gezogen werden kann, da Reiki durchaus die Darmtätigkeit anregt.

Ursachen für Verstopfung
In der Regel liegen Sekretionsstörungen im Dickdarm vor, weil dort zu viel Wasser entzogen wird. Die Darmsekretion muss angeregt werden, denn meistens bestehen Schwierigkeiten, den verhärteten Kot abzusetzen. In schweren Fällen kann mäßiges Fieber auftreten. Oft stehen Verstopfungen in Verbindung mit anderen Krankheiten. Allerdings können sie auch bei schlechter Fütterung oder ungenügender Wasseraufnahme auftreten.

Durchfall

Auch im Bereich von Durchfall ist Reiki zusätzlich zu anderen Therapiemaßnahmen empfehlenswert, weil sich die Darmtätigkeit durch Reiki regulieren kann. Auf andere geeignete Therapien und das Hinzuziehen von Tierarzt oder Tierheilpraktiker darf allerdings auch hier nicht verzichtet werden.

Ursächlich für Durchfall können verfaultes, verschimmeltes oder gefrorenes Futter, plötzlicher Futterwechsel, starker Wurmbefall, zu eiweißreiches Gras im Frühjahr, zu kaltes Trinkwasser, Erkältungen oder Begleiterscheinungen von Infektionen sein.

Symptome sind meist weicher bis dünnflüssiger Kot, der im Bogen ausgespritzt oder abgesetzt wird, Grummeln im Bauch, nicht selten kolikartige Schmerzen, abnehmender Appetit, mäßiges Fieber (bis 39 Grad), gesteigerter Durst.

Beruhigung

Aufgeregte Pferde, die sich in Stresssituationen befinden (Tierarzt, Hufschmied, Hänger fahren, Turniere etc.) kann man mit Reiki unter Umständen beruhigen. Zusätzlich haben sich hier auch entsprechende Homöopathika, Bachblüten oder Aromen und Farben sehr bewährt.
Stressbedingte Situationen, die auf-

Reiki zur Beruhigung.

grund mangelndem Vertrauen gegenüber dem Halter (also Unsicherheit des Tieres) resultieren, bedürfen jedoch einer ganzheitlichen Verhaltenstherapie, da hier Reiki alleine nicht ausreicht und die Ursachen anders gelagert sind.

Verspannungen

Ist Ihr Pferd verspannt, kann Reiki ebenfalls als Therapieform eingesetzt werden. Die Durchblutung setzt ein und die Verkrampfung lockert sich, die Verspannung lässt nach. Auch hier ist zu beachten, dass Reiki keinerlei Gymnastizierung, Massagen oder physiotherapeutische Maßnahmen ersetzen kann, aber als eine sinnvolle Ergänzung zu verstehen ist.

WEITERE SCHWINGUNGS-THERAPIEN

In der Tierheilkunde gewinnen Farben, Licht, Aromen, Edelsteine und Musik als unterstützende Therapien zunehmend wieder an Bedeutung.

Bereits in den alten Kulturen und im Mittelalter war der positive Einfluss von farbigem Licht und von Musik bekannt. Man geht hier ebenfalls davon aus, dass der Organismus ein in sich schwingendes und fluktuierendes Energiesystem ist.

Störungen im Körper manifestieren sich in einer Veränderung des Energieflusses. Mit Hilfe verschiedener Licht-/Farbfrequenzen kann diese Veränderung nach dem Resonanzprinzip positiv beeinflusst werden.

Solange der Energiefluss des Körpers nicht behindert oder blockiert wird, ist der Organismus gesund. Entstehen jedoch Blockaden, so erkrankt der Organismus.

Die Störungen im Energiefluss können sowohl durch Akupunktur, Akupressur und Reiki beeinflusst werden. Andere Formen der Beeinflussung bestehen in der Aroma-, Farb-, Edelstein- und Klangtherapie.

Eines haben alle unterstützenden Methoden gemeinsam: Sie helfen dabei, Krankheiten zu vermeiden oder aber die Heilung eines erkrankten Organismus positiv zu beeinflussen. Ein nicht zu verachtender Teil davon wird durch Stressabbau bewirkt.

Und da sind wir wieder beim Tierbesitzer angelangt, denn der tägliche Stress des Halters überträgt sich auf sein Tier. Daher ist es oftmals ratsam, dass Tier und Halter gleichzeitig ganzheitlich therapiert werden.

Farbtherapie

In der Farbtherapie, die auch Chromotherapie genannt wird, nutzt man die positive Wirkung der Farben auf Körper und Seele.

Die Lehre der Heilkraft der Farben geht schon auf die Chinesen zurück, die bereits vor rund 2000 Jahren Kranke in rote Gewänder gehüllt haben, weil Rot belebt. Darmkranke wurden mit gelber Farbe angestrichen, weil Gelb verdauungsfördernd wirkt.

Der Grund dafür ist, dass die Farben des Regenbogens sich in den sieben Energiezentren (Chakren) des Körpers widerspiegeln. Sind die Energiezentren blockiert, fühlt der Körper sich krank. Mit Hilfe von Farbschwingungen kann die Energie wieder fließen.

Farbtherapie

Die Spektralfarben des Regenbogens.

Im Jahr 1666 entdeckte der Physiker Isaak Newton, dass sich das Licht aus den so genannten Spektralfarben zusammensetzt. Licht und Farben gehören untrennbar zusammen. Zu den Spektralfarben gehören Rot, Orange, Gelb, Grün, Blau, Indigo und Violett und es sind auch die Farben des Regenbogens. Jede Farbe besitzt eine bestimmte Wellenlänge und somit auch Energie, die auf den Körper übertragen werden kann.

So ist z.B. bekannt, dass blaues Licht kühl und beruhigend wirkt, während rotes Licht Wärme spendet und anregt. Nur die Komplementärfarben (Farben, die zusammen weiß ergeben) wie Rot und Grün, Orange und Blau sowie Gelb und Violett können sich in ihrer Wirkung aufheben.

In jeder Kultur werden seit jeher Farben mit bestimmten Gefühlen, heilenden Kräften oder auch Aussagen in Verbindung gesetzt.

Die Basis der Farbtherapie ist daher, die heilende oder lindernde Wirkung der Farben zu ergründen. Es wird davon ausgegangen, dass sich die Farben nicht nur auf einen Gemütszustand auswirken, sondern auch direkt auf körperliche Prozesse Einfluss nehmen können.

Jeder einzelnen Spektralfarbe wurden Eigenschaften zugeordnet, die bei einer Behandlung wirksam werden. In manchen Kulturen werden auch die Farben mit den Jahreszeiten, den vier Elementen Erde, Feuer, Luft und Wasser, den Chakren oder sogar den Planeten in Verbindung gebracht.

Das »hermetische Dreieck«, benannt durch den altägyptischen Philosophen Hermes Trismegistos, spielt bei der Farbtherapie eine sehr wichtige Rolle. Hierbei werden die drei Grundfarben Rot, Gelb und Blau, die auch aus der Ittenschen Farbenlehre bekannt sind, den drei so genannten Keimblättern zugeordnet.
Aus den verschiedenen Keimblättern (Zellverbände) entwickeln sich beim Embryo alle Organe und Organsysteme.
Blau steht für das Ektoderm, das für Haut, Haare, Nervensystem und Nägel zuständig ist.
Gelb steht für das Entoderm, das die inneren Organe und die Drüsen hervorbringt, und Rot für das Mesoderm, dem Herz, Kreislauf und der Bewegungsapparat zugeordnet sind.
Biologen, Mediziner, Therapeuten der Komplementärmedizin und Psychologen untersuchen seit langem die Wirkung der Farben auf Menschen.

Die **Farbtherapie** wird über die Augen mittels Farbtäfelchen, als Farbbestrahlung, über die Farben der Nahrungsmittel und Getränke, als Farbbäder, über Farbvisualisierung (zum Beispiel beim Reiki), mittels direktem Kontakt mit farbigem Material, Steinen und auch als Farbakupunktur angewendet.

Als Lichtquelle eignen sich alle farbigen Lampen, wenn nicht parallel dazu weißes Licht ausgestrahlt wird.
Wegen der flackernden Frequenzen sind Sparlampen und Leuchtstoffröhren nicht geeignet, da diese von Tieren als unangenehm wahrgenommen werden.

Beschwerden, die durch Farbtherapie stark beeinflusst werden können, sind unter anderem:

- Konzentrationsschwierigkeiten,
- Schwächezustände,
- Angst,
- Nervosität,
- Schlaflosigkeit,
- Depressionen,
- Muskelverspannungen,
- Rheuma,
- Kopfschmerzen.

Die Farbauswahl ergibt sich aus dem Krankheitsbild des Tieres. Chronische Krankheitsverläufe sind oftmals mit einer »fühlbaren Kühle« über der betroffenen Region gekoppelt.
Akute Probleme hingegen zeichnen sich immer durch spürbare Wärme aus (z.B. verletzte Sehne, Hufgeschwür). Dementsprechend sind unterschiedliche Farben zur Unterstützung des Heilungsgeschehens hilfreich. Sichtbar gemacht werden können diese unterschiedlichen Regionen mittels der Thermofotografie.
Zur Anwendung der Farbtherapie kann man einen ausgebildeten Therapeuten hinzuziehen oder dies in Form einer Selbstbehandlung versuchen. Die Farbtherapie ist mit vielen anderen Therapien kombinierbar, sollte

■ *Der Farbe* ***Blau*** *wird z.B. eine kühlende und beruhigende Wirkung nachgesagt. Blau repräsentiert das Ego und die volle Wirkung entwickelt sich im Gehirn. Blau bringt Optimismus, Ruhe, Gelassenheit und Vertrauen und durch die beruhigende Schwingung wirkt Blau auf das Nervensystem. Die Tätigkeit von Blase und Nieren wird durch Blau angeregt und ebenfalls die Produktion von Hormonen. Bei Schlafstörungen und Rheuma findet Blau ebenfalls seine Anwendung.*

■ ***Rot*** *aktiviert die Lebenskräfte und steht für das körperliche und geistige Wachstum sowie für die Gefühlsebene. Rot wird eine Blut bildende und durchblutungsfördernde Wirkung nachgesagt und wirkt auf die Ausscheidungsorgane wie Niere, Blase, Enddarm und Haut. Rot stärkt das Selbstvertrauen und den Lebenswillen.*

■ ***Violett*** *fördert die künstlerische Begabung, die Inspiration und die Spiritualität und heilt ganzheitlich. Es ist die Farbe mit den höchsten Schwingungen und steht für das Yin und Yang in uns, da diese Farbe gleichsam auf Körper und auf Geist wirkt. Violett ist leistungsfördernd und entspannend zugleich und beeinflusst die Zirbeldrüse, die alle Hormonvorgänge im Organismus regelt.*

■ ***Gelb*** *ist das Symbol für Intellekt, Weisheit und Erkennen. Es ist eine wärmende Farbe, die müde Geister wieder aufmuntert und die Lebensfreude fördert sowie Vertrauen, Energie und Optimismus schenkt. Es wird gegen Angst, Depressionen und Konzentrationsschwierigkeiten eingesetzt. Gelb wirkt auf das vegetative Nervensystem ebenso wie auf Solarplexus, Milz, Leber, Gallenblase, Bauchspeicheldrüse und Magen. Aus den drei Primärfarben blau, rot und gelb werden dann alle so genannten Sekundärfarben abgeleitet.*

■ ***Orange*** *steht für Kreativität, Kontaktfreude und Inspiration. Diese Farbe stärkt die Nerven und wird häufig in Therapien eingesetzt, um Lebensfreude zu wecken und Verspannungen zu lösen. Es wirkt auch auf die Fortpflanzungsorgane und fördert die Fortpflanzungs- und Abwehrkraft.*

■ ***Grün*** *ist die Grundfarbe der Natur und steht als Symbol für Wachstum, Heilung und Seelenfrieden. Bei Schockzuständen hat sich die Farbe schon bewährt, da sie ausgleichend wirkt. Mittels Grün werden Migräne gelindert, Verspannungen gelöst und Heilungsprozesse im Körper unterstützt. Der Farbe Grün wird sogar eine antibakterielle Wirkung bei Haut- und Augenkrankheiten nachgesagt.*

■ *Weiß und Schwarz sind so genannte »Nichtfarben«. Es sind Gegensätze, also zwei Pole, die es heißt im Gleichgewicht zu halten.*

Weiß *enthält das gesamte Farbspektrum und ist positiv und aktiv. Weißes Licht wirkt vor allem auf geistiger Ebene und sorgt dafür, dass Entscheidungen besser getroffen werden können. Weiß symbolisiert Jugendlichkeit und Frische. In der Therapie werden vor allem Angst, chronische Schlaflosigkeit und Depressionen mit dieser Farbe behandelt. Weiß beeinflusst die Glückshormone und fördert die Aufnahme des lebenswichtigen Vitamin D.*

Schwarz *hingegen absorbiert das Licht und schirmt ab. Es leuchtet nicht und schluckt somit die Energie, statt sie zu reflektieren. Geheimnisse und Passivität werden mit dieser »Farbe« verbunden. Es ist geheimnisvoll und die Farbe des Neuanfangs wie auch des Endes. Schwarz steht für Verneinung und alles Magische. Aber auch Schutz, Ruhe und Distanz werden Schwarz zugeordnet. Schwarz fördert die Konzentration und hilft einem, sich nicht ablenken zu lassen.*

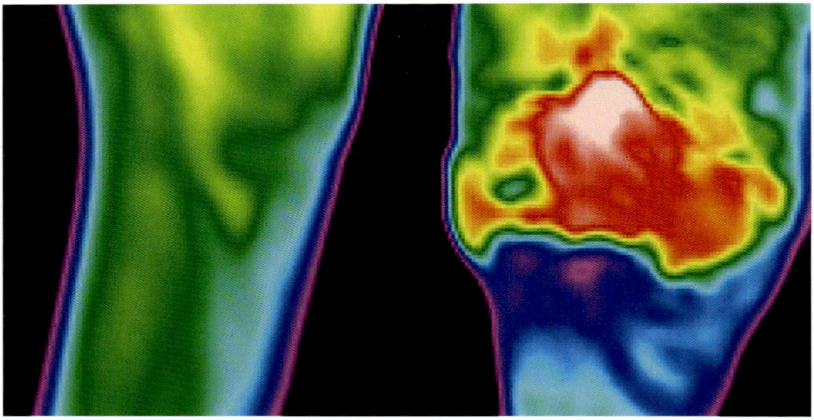

Thermofotografie Jeanette Gerkens-Kuhlow. Deutlich sichtbar ist die Entzündung im Karpalgelenk.

niemals einen Arzt oder Heilpraktiker ersetzen. Die Farbtherapie wird mittlerweile häufig an Tieren angewendet. Allein schon durch eine farbige Raum- oder Stallgestaltung oder farbige Decken oder Bandagen kann das Tier entsprechend beeinflusst werden.

Beispiele

Sehnenzerrung oder Entzündung beim Pferd

Von einer verletzen Sehne geht eine spürbare Wärme aus. Hilfreich (neben der normalen Versorgung) sind hier blaue Flex-Bandagen, die eine kühlende Wirkung durch die Farbe blau erreichen.

Bei Lymphstau oder angelaufenen Beinen sollte eine Bandage in der Farbe Orange gewählt werden, da Orange auf das Sakral-Chakra und somit auch auf die Nieren wirkt und zusätzlich auf

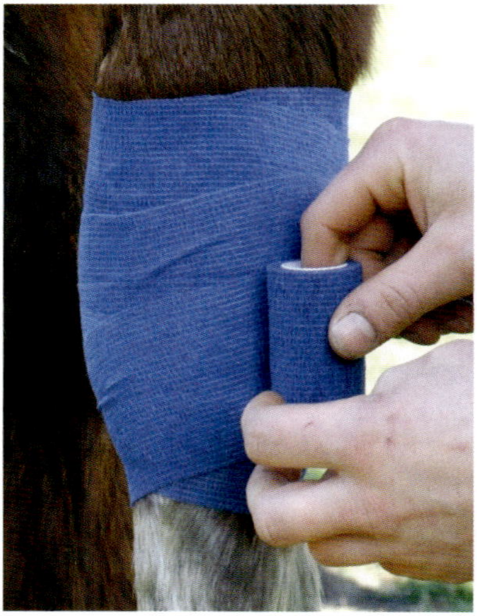

Blaue Flex-Bandagen haben eine kühlende Wirkung.

die Lymphabflussstörungen wirken kann.

Nervöses Turnierpferd
Ein Boxenanstrich in der Farbe Gelb wirkt hier unterstützend auf die Nerven, die Verdauungsorgane und die Gehirntätigkeit. Den gleichen Effekt würde eine Farblichttherapie haben.

Aromatherapie

Der Gebrauch von aromatisch duftenden Pflanzenstoffen zu Heilzwecken ist eigentlich schon sehr alt. So wurden in fast allen Kulturen des Altertums (Hebräer, Assyrer, Chinesen) Räucherungen mit getrockneten Pflanzen, Harzen, Gräsern, Rinden und Früchten zur Behandlung von Krankheiten durchgeführt. Ebenso wurden wohlriechende Salben aus zerstampften Blüten zu kosmetischen Zwecken und zur Linderung diverser Beschwerden eingesetzt.
Schon im alten Ägypten war die Destillation von Terpentin oder Zedern bekannt. Ab dem 14. Jahrhundert v. Chr. wurde bei den Ägyptern dann auch das ätherische Öl von Blüten in fetten Ölen gelöst.
Ägyptische Priester stellten Salben,

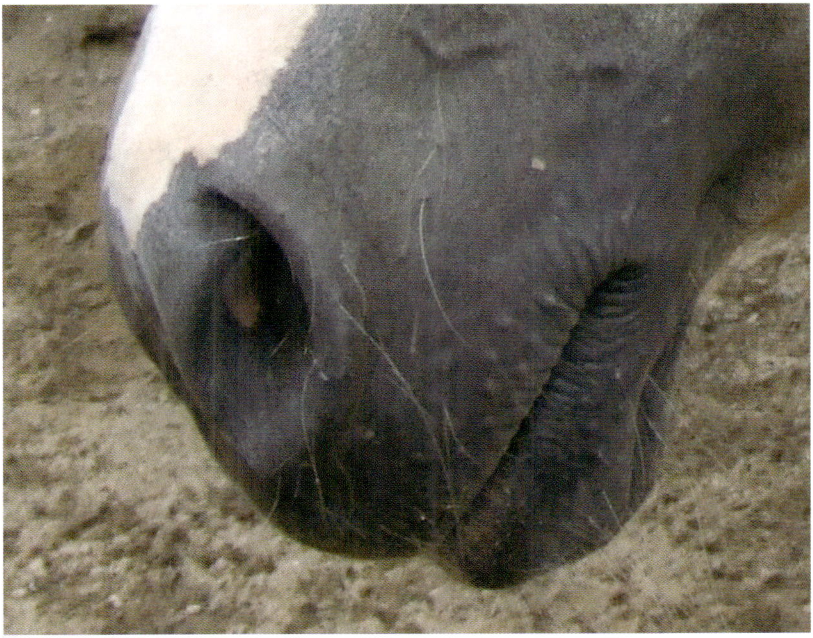

■ *Empfindliche Nüsternpartie eines Pferdes.*

Hibiskusblüte

Zäpfchen, Pulver und Räucherkerzen her und verwendeten ätherische Öle zur Einbalsamierung ihrer Toten.

Die Aromatherapie ist ein eigenständiger Bereich der Phytotherapie und basiert auf der Wirksamkeit ätherischer Öle, die sich am effektivsten entfalten, wenn man sie in ein mit Wasser gefülltes Schälchen gibt und die Flüssigkeit dann mit einer Flamme erwärmt wird. Darunter ist die Aromatherapie eigentlich bekannt.

Während in der Pflanzenheilkunde die ganze Pflanze genutzt wird, geht es in der Aromatherapie nur um ganz bestimmte, hochwirksame Pflanzensubstanzen, die ätherischen Öle, die zwar als Öle eingestuft werden, jedoch eine völlig andere Konsistenz besitzen als gewöhnliche Pflanzenöle wie z.B. Sonnenblumenöl, da sie hochgradig flüchtig sind. Sie kommen als winzige Öltröpfchen in oder auch auf dem Pflanzengewebe vor.

Ätherische Öle sind fettlöslich und werden problemlos von den Schleimhäuten absorbiert und gelangen so direkt in den Organismus von Mensch oder Tier. Über das Blut und die Lymphbahnen werden die Wirkstoffe dann zu den Organen transportiert.

Ätherische Öle haben ein weites Wirkungsspektrum, das von Erkältungsbeschwerden, Hautproblemen, Magen- und Darmproblemen bis hin zu Kopfschmerzen, Verbrennungen und schlecht heilenden Wunden reicht.

Die antimikrobiellen Eigenschaften sind besonders hervorzuheben. In einigen Kliniken werden heute ätherische Öle sogar offiziell als ergänzende Therapie bei Krebspatienten mit Immunschwäche eingesetzt. Da sie antibakteriell wirken, setzt man sie bereits zusätzlich oder als Ersatz zu Antibiotika ein, wenn Keime gegen die Medikamente resistent sind.

Ätherische Öle bieten vielfältige Anwendungsmöglichkeiten wie Verdampfen, Einreibungen und Massagen, Aromabäder, Inhalationen und Kompressen.

Gerade bei Pferden ist die Aromatherapie bereits bekannt, denn es werden ätherische Ölmischungen im Bereich der Insektenabwehr mit großem Er-

■ *Duftlampe, die bekannteste Art der Aromatherapie.*

Abschütteln von lästigen Insekten.

folg eingesetzt (Citronella, Lavendel etc.). Auch Massageöle mit ätherischen Ölen wirken hervorragend im Bereich von Magen- und Darmerkrankungen und im Kolikbereich (Mischung aus Lavendel und anderen ätherischen Ölen zum Einreiben des betroffenen Bereiches). Ebenso haben sich Inhalationen bei Pferden mit Atemwegsproblemen bewährt. Hierzu reibt man entweder ganz stark verdünnte und gut ausgewählte ätherische Öle direkt in die Nüsternpartie ein oder benutzt ein Inhalationsgerät. Auch in der Chakren-Therapie können die zugeordneten Öle z.B. ergänzend zu einer Reiki-Therapie direkt in stark verdünntem Zustand auf die entsprechenden Chakren gegeben werden.

Hufproblemen (Strahlprobleme, Hufhornprobleme etc.) wird mittlerweile ebenfalls erfolgreich mit ätherischen Ölmischungen zu Leibe gerückt.

Auch bei Hautproblemen (Mauke, Sommerekzem) wurden gute Erfolge mit ätherischen Ölen in Lotionen erzielt.

Ätherische Öle kommen bei verschiedenen Hufproblematiken zum Einsatz.

Im Gegensatz zur Bachblüten- und Edelsteintherapie ist allerdings zu beachten, dass es bestimmte **Öle** gibt, bei denen **Nebenwirkungen** nicht ausgeschlossen sind und bei denen auch Anwendungsbeschränkungen bestehen, die unbedingt berücksichtigt werden müssen.
So kann z. B. gerade das viel gelobte Teebaumöl für Katzen hochgradig giftig sein, und einige Öle wirken stark hautreizend. Daher sollten ätherische Öle niemals in unverdünnter Form aufgetragen werden. Man sollte auch den sehr feinen Geruchssinn der Tiere bedenken, so dass hier nur ganz geringe Konzentrationen der ätherischen Öle verwendet werden.

Es ist ratsam, sich in die Hände eines erfahrenen Therapeuten zu begeben. Eine gute Alternative ist der Besuch von Seminaren, wo Sie vor Ort den Umgang mit ätherischen Ölen lernen können.

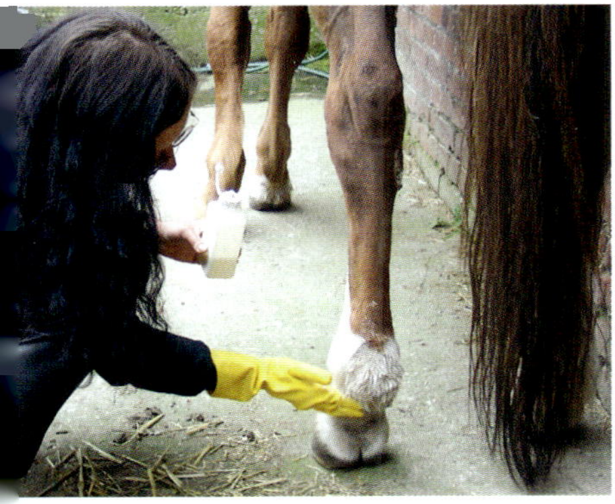

Maukebehandlung mit Lotionen, die ätherische Öle enthalten.

Einsatz von ätherischen Ölen bei Strahlproblemen.

Beispiele für ätherische Öle

Das Wirkungsspektrum ätherischer Öle findet man von antiviral, antibakteriell, antimykotisch, entzündungshemmend, schmerzlindernd, sedativ (beruhigend), Schleim lösend, spasmolytisch (krampflösend), stimulierend bis hin zu hautregenerierend.
Hier ein paar Beispiele von bekannten ätherischen Ölen, die bei der Aromatherapie ihren Einsatz finden:

Lavendel

Körperliche Wirkung: schmerzlindernd, antiseptisch, antibakteriell, blutdrucksenkend, sedativ, harmonisierend,

krampflösend, wundheilend, verdauungsfördernd, hautpflegend, Insekten abweisend.
Wirkt auf psychische Probleme wie: Nervosität, Stress, Reizbarkeit, Engegefühl, Stimmungsschwankungen.

Bergamotte
Körperliche Wirkung: stark antiseptisch, fiebersenkend, appetitregulierend und entkrampfend im Bereich des Magen-Darm-Traktes.
Wirkung auf die Psyche: angstlösend, nervenentspannend, regulierend auf den Hypothalamus, beruhigend und entspannend, stimmungsaufhellend.

Palmarosa
Körperliche Wirkung: entspannend, krampflösend, antiseptisch, aphrodisierend, zellregenerierend, regulierend auf die Talgproduktion.
Wirkung auf die Psyche: harmonisierend, ausgleichend, entspannend, stabilisierend.

Melisse
Körperliche Wirkung: antibakteriell, antiviral, blutdrucksenkend, entblähend, entkrampfend.
Wirkung auf die Psyche: ausgleichend, stärkend.

Geranium
Körperliche Wirkung: entzündungshemmend, wund heilend, hautpflegend.
Wirkung auf die Psyche: ausgleichend, stimmungsaufhellend.

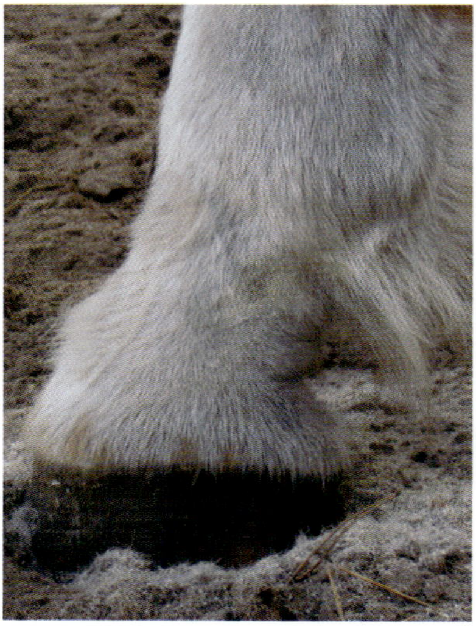

Pferdebein nach erfolgreicher Maukebehandlung.

Eukalyptus
Körperliche Wirkung: antiseptisch, desinfizierend, fiebersenkend, Schleim lösend.
Wirkung auf die Psyche: konzentrationsfördernd.
Dieses ätherische Öl kann in verdünntem Zustand auch auf das Hals-Chakra aufgetragen werden (siehe Chakren) und so Blockaden lösen.

Jasmin
Körperliche Wirkung: entkrampfend, ekzemlindernd.
Wirkung auf die Psyche: entspannend, harmonisierend.
Jasmin kann auch unterstützend auf das Herz-Chakra zur Lösung von

Blockaden aufgetragen werden (in verdünnter Form!).

Lithotherapie

Steine, der Inbegriff des Harten und Festen, sind in sich in Bewegung, wie die Wissenschaft bewiesen hat. Wie die gesamte Materie, bestehen auch Steine aus kleinsten Teilchen, den Atomen, die sich nach vorgegebenen Schemata ständig in Bewegung befinden.

Das Schwingen der Atome erzeugt Energie, die auch auf den menschlichen oder tierischen Organismus Einfluss hat, da diese Organismen ebenfalls aus schwingenden Teilchen bestehen. Diese minimale Schwingung ist von Steinart zu Steinart und von Farbe zu Farbe unterschiedlich.

Aus fast allen antiken Kulturen finden sich Berichte über die Verwendung von Edelsteinen zu Heilzwecken. Die ältesten sind sumerischen Ursprungs und schon im vierten Jahrhundert v. Chr. zu finden. Das altindische Ayurveda enthält sogar genaue Anleitungen zur Herstellung von Edelsteinmedikamenten, Pulvern, Pasten und Elixieren. In Babylon wurden schon heilende Tinkturen aus Edelsteinen hergestellt. In dem Werk »Lapidarius« von Marbos (Bischof von Rennes

Die Aromatherapie findet gerade auch bei der Insektenabwehr ihren Einsatz.

Bergkristall, Lapislazuli, Rosenquarz (von vorne nach hinten).

1035–1123) sind bereits detaillierte Angaben über 60 Edelsteine und deren Wirkung (positiv wie negativ) zu finden.

Marbod gewann sein Wissen durch umfangreiche Recherchen. Bekannter hingegen ist jedoch Hildegard von Bingen (1098–1179), die Ihr Wissen um die Kraft der Edelsteine auf den Organismus durch Visionen erlangte. Zu ihrer Zeit erreichte Hildegard von Bingen wenig Beachtung, heute kann sie jedoch eine steigende Beliebtheit verzeichnen.

Im 20. Jahrhundert wurden die Edelsteine einer vermehrten naturwissenschaftlichen Betrachtungsweise unterzogen. Heute ist jedoch die Edelsteintherapie eine oftmals recht unkritische Übernahme aus alten Überlieferungen, die kaum mehr auf ihren Wahrheitsgehalt überprüft werden. Auch Ursprünge in der Zeit von Atlantis und mediale Durchgaben sowie die Zuordnung zu Planeten und Chakren sind zu finden.

Aber es gibt auch erfahrene Praktiker, die das Werk Hildegard von Bingens fortführen. Man sollte daher bei der Wahl seines Therapeuten sehr kritisch und sorgsam sein.

Die Lithotherapie wird auch Edelsteintherapie genannt. Edelsteine, Kristalle und Mineralien sind wie schon beschrieben verdichtete Energie und wirken durch ihre Schwingungen und Farben. Jeder Stein hat also eine spezifische Eigen-Schwingung, die sich auf die Schwingung des Organismus übertragen lässt und somit harmonisierend wirkt.

In der richtigen Kombination haben Steine sogar beruhigende Wirkungen und regen zur Aktivierung des Selbstheilzentrums an. Da dies in physischer wie psychischer Hinsicht gleichermaßen möglich ist, spielen Steine in der Ganzheitsmedizin durchaus eine immer größer werdende Rolle. Auch die Farben der Steine sind für die Behandlung von großer Wichtigkeit (siehe auch Farbtherapie und Chakren).

Steine bestehen aus Mineralien, die wir für eine ausgewogene Ernährung benötigen.

Daher liefern sie dem Organismus die lebensnotwendigen Stoffe in Reinform und werden dem Körper in Form von Edelsteinwasser oder Pulver zugeführt. Zu diesem Zweck wird ein energetisch gereinigter Stein für mindestens fünf Stunden in ein Glas Wasser gelegt und anschließend das so erhaltene Edelsteinwasser in die Tränke Ihres Pferdes gefüllt.

Die Anwendungsmethoden sind recht vielfältig. So werden z.B. Edelsteine auf bestimmte Körperstellen aufgelegt, wobei sich sowohl die seelischen Ursachen als auch die energetischen Blockaden auflösen und je nach Grad und Ausmaß der Störung Verkrampfungen gelockert und Schmerzen gelindert werden können. Die Steine

Ozeanjaspis roh und bearbeitet.

Anwendung von Steinen direkt auf dem Pferderücken.

können aber auch direkt am Körper des Tieres platziert werden (Halfter etc.) oder mit in die Box gelegt werden. Ebenso gibt es die Möglichkeit, Edelsteinessenzen auf das Tier aufzubringen. Vielfach wird auch mit Akupressurstäben in Form von Edelsteinen gearbeitet.

Das Behandeln von Tieren und Pflanzen mit Steinen ist noch nicht so gründlich erforscht, wie das von Menschen.

Es gibt zwar sehr viele Menschen, die ihre Tiere, insbesondere Pferde, Hunde und Katzen mit Steinen behandeln, aber bisher hat niemand diese Erkenntnisse zusammengesammelt und ausgewertet, noch wurden gezielte Forschungen angestellt.

Die **Indikationen** bei Tieren sind mit denen des Menschen durchaus vergleichbar. Beispiel hierfür: Ein Stein, der einem Menschen gegen Entzündungen hilft, tut dies auch bei einem Tier. Gleiches gilt natürlich auch für die psychische Ebene der Steinwirkung.

Die Edelsteintherapie ist mit anderen Therapieformen sehr gut kombinierbar und wird häufig in Verbindung mit der Farb- und Chakratherapie sowie auch Reiki eingesetzt.

■ *Anwendung von Edelsteinessenzen in der Lithotherapie.*

Beispiele für die Wirkungsweise bekannter Steine

Hier finden Sie eine Auswahl der bekanntesten Steine und deren Wirkungsweisen.

Bernstein

Der Bernstein ist eigentlich kein Stein, sondern ein fossiles Harz von Nadelbäumen, was im Laufe von rund 50 Millionen Jahren versteinerte. Sein charakteristisches Aussehen verleihen dem Bernstein die Einschlüsse von Insekten und Blättern. Bernsteine sind schon seit Beginn der Überlieferung den Menschen bekannt und von ihnen genutzt worden. Bernsteine sind organischer Natur. Sie nehmen sehr stark die Informationen (Schwingungen) ihrer Träger auf und geben sie zukünftig ab.

Körperliche Wirkung: bei Magen- und Darmbeschwerden, zur Wundheilung, bei Gelenkbeschwerden, bei Insektenstichen.

Wirkung auf die Psyche: baut Widerstände ab, macht »friedliebend«.

Einsatz bei den Chakren: Solar-Plexus-Chakra.

Bergkristall

Der Bergkristall ist ein Stein (genau genommen ein Quarz), den viele Menschen besonders wegen seiner schlichten Eleganz zu schätzen wissen. Der Bergkristall gehört zweifelsohne zu den ältesten Edelsteinen der Welt und es ranken sich viele mythische Geschichten um ihn. Schon immer

■ *Bernsteine in verschiedenen Größen.*

Bergkristall auf Pferderücken.

Lapislazuli

wurde der Bergkristall in allen Kulturen als Heil- und Edelstein benutzt.
Körperliche Wirkung: fiebersenkend, gegen Schmerzen und Schwellungen, Allergien, Durchfall.
Wirkung auf die Psyche: klärt den Geist, verbessert die Wahrnehmung, bei Überempfindlichkeit.
Einsatz bei den Chakren: Kronen-Chakra.

Lapislazuli

Lapislazuli bedeutet übersetzt »blauer Stein«. Aufgrund dieser Farbe erfreut er sich auch so großer Beliebtheit. Lapislazuli ist ein tiefblaues bis graublaues, seltener schwärzliches Mineralgemisch. Es sind immer weiße und goldene Teile eingelagert. Für die goldenen Teile ist Pyrit verantwortlich und Calcit für die hellen Teile. Schon seit der Antike wurde der Lapislazuli in Vorderasien viel benutzt.
Körperliche Wirkung: bei Beschwerden von Hals, Kehlkopf, Stimmbändern, Schilddrüse, Hautprobleme, Insektenstiche.
Wirkung auf die Psyche: Lösung von Ängsten und Spannungen.
Einsatz bei den Chakren: Stirn-Chakra.

Rosenquarz

Rosenquarz ist zweifelsohne einer der bekanntesten und beliebtesten Steine überhaupt. Auf Grund seiner Farbe wird er auch als »Stein der Liebe« bezeichnet. Heute wird der Rosenquarz sehr geschätzt, weil er dem störenden und schwer zu vermeidenden Elektrosmog entgegenwirkt.

Amethyst

Körperliche Wirkung: stärkt das Herz, versorgt das Blut mit Sauerstoff, bessere (Wund)heilung.
Wirkung auf die Psyche: bei mangelndem Selbstbewusstsein, ausgleichend, harmonisierend, Nerven stärkend.
Einsatz bei den Chakren: Herz-Chakra

Amethyst

Der Amethyst ist ein Quarz von violetter Farbgebung. In Ägypten und Vorderasien wurden schon um 3000 v. Chr. Schmuckstücke aus ihm gefertigt. In Griechenland hoffte man mit Amethysten, die Trunksucht heilen zu können. Eine große Zahl weiterer Wunderkräfte wird dem Amethyst in den verschiedensten Kulturen nachgesagt.

Rätsel gab der schönste aller Kristallquarze gleichermaßen den Naturwissenschaftlern auf, und restlos gelöst sind sie bis heute nicht. So bleichen einige Amethyste bereits im Tageslicht fast bis zur Farblosigkeit aus, wofür allerdings die Ursache bislang noch nicht gefunden wurde.
Körperliche Wirkung: Hautprobleme, Insektenstiche, Schmerzlinderung, Lösung von stressbedingten Verspannungen.
Wirkung auf die Psyche: harmonisierend, konzentrationsfördernd, beruhigend, hilft bei Trauer und bei Bewältigung von Verlusten.
Einsatz bei den Chakren: Kronen-Chakra.

Verschiedene Rosenquarze

Mein Anliegen

Ohne Zweifel ist für jeden naturheilkundlichen Behandler die klinische Naturheilkunde, also die symptombezogene Anwendung, ein ganz wichtiger Bestandteil der täglichen Arbeit, besonders wenn es darum geht, einem Tier schnellstmöglich Schmerz zu lindern. Allerdings sollte das wirkliche und langfristige Ziel eines ganzheitlich denkenden Behandlers sein, parallel und nachhaltig die wahre Ursache des Krankheitsgeschehens herauszufinden und diese zu beseitigen. Nur auf diese Weise können wir verhindern, dass Symptome alsbald wieder auftreten oder sich gar zum Schlimmeren hin verschieben – man sogar ein komplett anderes Krankheitsbild vermuten könnte.

Die wahrhaft ganzheitliche Sichtweise – und mag sie zu Beginn noch so schwierig zu erfassen sein – führt zu den wirklichen positiven Erfolgen der Naturheilkunde. Dies ist vor allem bei chronischen Krankheitsverläufen der Fall, bei denen die Schulmedizin dann irgendwann in der Regel leider kapituliert, weil ein anderer Denkansatz, eine andere Sichtweise vorhanden ist, die nicht beinhaltet, dass nach der tiefsitzenden Ursache geforscht wird, deren Ursprung womöglich im psychosomatischen Bereich sitzt, im Bereich der Ernährung oder artgerechten Haltung anzusiedeln ist oder in der Beziehung Tier/Halter.

Die Ganzheitlichkeit, die das Tier und seine Bezugspersonen als eine komplette Einheit sieht, bietet umfassende und vielfältige Kombinationsmöglichkeiten der unterschiedlichsten naturheilkundlichen Behandlungsweisen, die hier im Einzelnen dargestellt wurden und ist das, was ich den Menschen für ihre Pferde vermitteln möchten, damit sie in Harmonie und Gesundheit mit ihrem Partner Pferd zusammenleben können. Ich schreibe hier bewusst wir, da ich in der Tiernaturheilkundeschule und im Tier Therapeutischen Centrum mit meinen Therapeuten-Kollegen zusammenarbeite, die mit mir das gleiche Ziel verfolgen ... Die Menschen zum Wohle der Tiere zum Nachdenken anzuregen über ihre Beziehung Mensch/Tier, um so Krankheiten und Unfälle im Vorfeld schon zu vermeiden.

Daher mein Dank an Sie, verehrter Leser, dass Sie sich die Zeit für dieses Buch genommen haben, und an meine Therapeutenkollegen.

Ihre Britta Vock

Danksagung

Last but not least möchte ich mich an folgenden Stellen bedanken:
Mein erster Dank gilt den Tieren, mit denen ich zusammenleben und zusammentreffen durfte, die jetzt bei mir leben und denen, die noch kommen werden, denn ohne sie wäre ich nicht dort, wo ich jetzt bin.
Mein tiefster Dank gilt aber meinem Labradorrüden Léon – der immer bei mir sein wird, meiner alten »weisen Dame« Nina – die mich so viel gelehrt hat, meinem »Engel« Tinchen – die mich Ruhe und Ausgeglichenheit finden ließ, meinem »Gauner« Titus – der mich zweifelsohne noch immer fordert, meiner kleinen »Zicke« Tutti – die so viele Jahre mit mir geteilt hat, unserem »Australischen Rebellen« Digger und meinem tauben Cattle Dog MacKenzie, die mich manchmal an meine Grenzen bringen.
Meinem »sanften Riesen« Loveno, unserer »Schnecke« Laika und der unvergessenen Puppa – die mir meine Angst vor Pferden genommen, mich viel über ihr Verhalten und ihre Psyche gelehrt hat und deren Rücken mich als Erstes geduldig getragen hat. Unseren weiteren Pferden Amy, Sonita, Cheyenne und Zoe, die mir täglich ihr Vertrauen entgegenbringen und mich viel lehren.
Bei meinen Lehrern Markus, Jürgen und Christian, die mich zum Teil auf dem Weg des Reiki begleiteten.
Mein Dank geht auch an all die anderen, hier nicht namentlich genannten Menschen, die mir ihr Vertrauen geschenkt haben. Durch ihre moralische Unterstützung und dadurch, dass sie mir ihr Tiere anvertraut haben, haben sie mir meine Praxisarbeit erst ermöglicht.
Meinen Dank auch an jedes Tier und jeden Menschen, von dem ich etwas lernen durfte.
Ein Danke von Herzen an meine Mutter Kiki, dass ich hier auf dieser Welt sein darf und meiner Berufung nachgehen kann.
Und meinen ganz speziellen Dank an meinen Zauberer, der mir mein Lachen wieder gegeben hat und mich bei meiner Arbeit unterstützt – meinen Mann Jochen.

■ *Wenn immer der rote Jäger auf seinen Streifzügen etwas erblickt, was eindrucksvoll und erhaben ist, verharrt er einen Augenblick in andächtigem Schweigen. Für ihn ist es nicht notwendig, einen von sieben Tagen zu heiligen, denn für ihn ist jeder Tag heilig.*
OHYESA (Sioux)

Chakra	Bedeutung
1. Kronenchakra, Scheitelzentrum	**Kosmisches Bewusstsein** alle im Kopf befindlichen Krankheiten (Stirnhöhlen-, Nasennebenhöhlen-, Ohren- und Kiefererkrankungen). Beruhigung und bei Angst oder Schmerzen **Farbe** Violett (aber auch Weiß und Gold) und die **Steine** Amethyst und Bergkristall **Aroma** Weihrauch, Rosenholz, Neroli. (Duftlampe, Vollbad mit Rosenholzöl) **Bachblüten** Wild Rose, Wild Chestnut
2. drittes Auge, Stirnzentrum	**Spiritualität, Ideen, Kenntnis des Seins** Verhaltensstörungen, alle mit dem Kopf zusammenhängenden **Krankheiten** (Kopf, Augen, Ohren, Nase, Nebenhöhlen, Kleinhirn) zur Beruhigung des Tieres (Gewitter, laute Geräusche, ungewohnte Ereignisse, Prüfungen etc.) und zur Beeinflussung des zentralen Nervensystems **Farbe** Indigoblau (manchmal auch Gelb und Violett) und die **Heilsteine** Lapislazuli und Sodalith **Aroma** Jasmin, Minze, Lemongrass, Veilchen, Weihrauch, Basilikum(süß) (Duftlampe, Bäder mit Veilchenöl, Massage des »dritten Auges«) **Kräuter** Johanniskraut, Fichte, Augentrost **Bachblüten** Crab Apple, Vine, Walnut
3. Halschakra, Kehlzentrum	**Kommunikation, Individualität** **Gesundheitliche** Probleme, die im Halsbereich anzusiedeln sind (Kehlkopf, Schilddrüse, Speiseröhre, Bronchien und Atemwege), obere (vor dere) Extremitäten **Farbe** Hellblau (auch silbrig oder grünlich-blau) und die **Steine** Aquamarin, Türkis und Chalcedon **Aroma** Eukalyptus, Kampfer, Pfefferminze, römische Kamille, Manuka (Duftlampe, Dampfbäder mit Pfefferminze, Massage von Hals und Nacken) **Kräuter** Pfefferminze, Huflattich, Salbei **Bachblüten** Agrimony, Cerato, Mimulus
4. Herzchakra, Herzzentrum	**Liebe, Offenheit, Güte** Herzprobleme, Kreislauf-, Herzrhythmusstörungen, Stoffwechselkrankheiten, Frieren und hormonelle Disharmonien, zentrales Nervensystem, die Schilddrüse, Hypophyse, Durchblutung, Rückenprobleme **Farben** Grün oder Rosa und die **Steine** Turmalin, Kunzit, Smaragd, Jade und Rosenquarz **Aroma** Rose, Jasmin, Estragon, Kardamom (Duftlampe, Rosenbäder, Brustmassagen) **Kräuter** Weißdorn, Thymian, Melisse **Bachblüten** Red Chestnut, Willow, Chicory

Chakra	Bedeutung
5. Solar-Plexus-Chakra, Sonnengeflecht	**Intuition, Gefühle zu anderen** alle inneren Organe wie Magen, Leber, Galle, Milz, Zwerchfell und Bauchspeicheldrüse, das vegetative Nervensystem, Stoffwechselstörungen **Farben** Gelb (bis Goldgelb) und die **Steine** Tigerauge, Bernstein, Edeltopas und Zitrin **Aroma** Lavendel, Kamille, Zitrone, Anis, Grapefruit, Fenchel (Duftlampe, Kamillenbäder, Solarplexus-Massage) **Kräuter** Fenchel, Kamille, Wacholder **Bachblüten** Impatiens, Scleranthus, Hornbeam
6. Sexualchakra, Sakralzentrum Hara	**Lebensfreude, Gefühle zu sich selbst** Alle im Bauchraum liegenden Organe wie Nieren, Blase, Därme und die Fortpflanzungs- und Geschlechtsorgane, alles Flüssige wie Blut, Lymphe und Verdauungssäfte, Immunsystem, Verdauungsbeschwerden psychischen Ursprungs wie Durchfall, Verstopfung oder Blähungen **Farbe** Orange und die **Steine** Karneol und Mondstein **Aroma** Ylang-Ylang, Sandelholz, Myrrhe, Bitterorange, Pfeffer, Vanille, Orange (Frucht) (Duftlampe, Aromabäder, Massage des Unterbauches/Schambeinbereich) **Kräuter** Brennnessel, Schafgarbe, Petersilie **Bachblüten** Oak, Olive, Pine
7. Wurzelchakra, Wurzelzentrum	**Urvertrauen, Existenz** Probleme an Wirbelsäulenapparat (Rücken, Knochen, Becken, Hinterbeine), den Zähnen und Krallen, Geschlechtsorganen, dem Rektum, Dickdarm, Mastdarm, Enddarm, Prostata, Gleichgewichtsstörungen, Instinktschwäche und Orientierungslosigkeit sowie Blut- und Zellaufbau **Farbe** Rot und die **Steine** Achat, Blutjaspis, Granat, Rubin und rote Koralle **Aroma** Nelke, Rosmarin, Ingwer, Vetiver, Zypresse, Zeder (Duftlampe, Rosmarinbäder, Massage Steißbeinbereich und Gesäß) **Kräuter** Baldrian, Lindenblüten, Holunder **Bachblüten** Clematis, Sweet Chestnut, Rock Rose

Bücherliste und Quellennachweis

- Andreas Dahlberg: Der Weg zum wahren Reikimeister, München 2000
- Marion Friedl: Aromatherapie für Hunde, Mürlenbach 2006
- Michael Gienger: Die Steinheilkunde. Ein Handbuch, Saarbrücken 2005
- Michael Gienger: Die Heilsteine Hausapotheke. Hilfe von A wie Asthma bis Z wie Zahnschmerzen, Saarbrücken 2004
- Michael Geitner: Be strict – Denken wie ein Pferd, Cham 2001
- Dr. Ina Gösmeier: Akupressur für Pferde. Löst Verspannungen. Stärkt die Lebensenergie, Stuttgart 2005
- Heilen mit Steinen, Heilkraft und Wirkung, Heitersheim, 2001
- Ingrid Kraaz von Rohr, Wulfing von Rohr und Ingrid Kraaz von Rohr: Die richtige Schwingung heilt, München 1989
- Dietmar Krämer: Esoterische Therapien, München 2002
- Julia Labacher: Heilsteine. Körperliche und seelische Blockaden lösen, München 2005
- Peter Mandel und Andreas Pflegler: Farben, die Apotheke des Lichtes, Bd.1, Bruchsal 2001
- Richard Maxwell/Johanna Sharples: Sanfte Pferdeausbildung, Stuttgart 2006
- Desmond Morris: Horsewatching. Die Körpersprache des Pferdes, Augsburg 2002
- Richard Nickel, August Schummer, Eugen Seiferle: Lehrbuch der Anatomie der Haustiere, Band I und II, Stuttgart 1977
- Pat Parelli/Kathy Kadasch: Natural Horse-Man-Ship, Wipperfürth 1995
- Fred Rai: Auch wir haben Gefühle. Das emotionale Verhalten der Pferde, Dasing 1998
- Fred Rai: Natürliches Reiten. Die neue Schule für Freizeitreiter, Augsburg 1996
- Monty Roberts: Das Wissen der Pferde und was wir Menschen über sie lernen können, Bergisch Gladbach 2002
- Fritz Rödder: Ohne Huf kein Pferd, Cham 1999
- Walter Salomon: Naturheilkunde für Pferde, Berlin 2005
- Gerti Samel und Barbara Krähmer: Die heilende Energie der ätherischen Öle, München 2005
- Christian Schacht: Pferdekrankheiten. Vorbeugen, erkennen und richtig handeln, Stuttgart 2000
- Markus Schirner von Schirner: Aroma-Öle, Beschreibung und Anwendung von über 200 ätherischen Ölen, Darmstadt 2005
- Meredtith L. Snader: Pferde natürlich behandeln und heilen, München 1996
- Dr. Mikao Usui und Frank Petter: Original Reiki-Handbuch des Dr. Mikao Usui, Aitrang 1999
- Britta Vock: Reiki4all - Reiki für Tiere, Monsenstein und Vannerdat, 2006
- Britta Vock: Mit Verständnis heilen, Monsenstein und Vannerdat, 2006
- Monika Werner und Ruth von Braunschweig: Praxis Aromatherapie. Grundlagen, Steckbriefe, Indikationen, Stuttgart 2005
- A. H. Westerhuis: Homöopathie für Hunde, München 2000
- Clare Wilde: Reiki. Heilende Energie für Pferd und Reiter, Cham 2000
- Sara Wyche: Ganzheitliche Medizin für Pferde, München 1997

Nützliche Internetadressen

- www.reiki4all.de

Erste deutsche Webseite zum Thema Reiki für Tiere mit vielen Praxisbeispielen von Reikimeisterin/Lehrerin, THP Britta Vock

- www.tier-naturheilkundepraxis.de

Tierheilpraktikerin Britta Vock. Mit Verständnis heilen, Naturheilkunde für Kleintiere und Pferde

- www.birkenhof-soltau.de

Altersruhesitz für Pferde, Offenstall, Tiernaturheilkundeschule, Hufpflege, Tierheilpraxis

- www.tierischnatürlich.de

Hobby-Tier- und -Landschaftsfotografie
Britta Vock

- www.tiernaturheilkundeschule.de

Ausbildung zum Tierheilpraktiker (zertifizert vom FVDH) und Bachblütentherapeuten, Fort- und Weiterbildungen, Seminare für Tierheilberufe und Tierliebhaber rund um die Themen Natur(heilkunde) und Tier

- www.hoofbalance.de

Jochen Vock – Qualifizierte Barhufpflege, Orthopädischer Hufkorrektur, Alternativer und temporärer Hufbeschlag

- www.pmtp.de

Jeanette Gerkens-Kuhlow: Physiotherapie, Oesteopathie, vet. Thermofotografie, Matrix-Rhythmus-Therapie

- www.fvdh.de

Freier Verband deutscher Heilpraktiker e.V.

- www.patenpferd.de

Pferdepatenschaften, Privatinitiative der Tiernaturheilkundeschule Birkenhof-Soltau, Vorstellung der Patenpferde und Vermittlung von Tierschutzpferden

- www.diftt.de

Tier-Thermo(foto)grafie

- www.mensch-und-tier-reiki.de

Ganzheitliche Tierheilkunde, THP,
Reikimeis-ter/Lehrerin Dagmar Rynio

- www.indigo-spirit.de

Heilsteine für Mensch und Tier

- www.hecht-sprung.de

Illustration and sounds, Michael Hecht

- www.tier-buschblueten.de

Australische Buschblüten für Tiere

- www.hallo-pferd.de

Das Portal rund ums Pferd

- www.pferdetaler.de

Bio-Pferde-Kräuter-Taler